OFFSHORE

Renaud Van Ruymbeke

OFFSHORE

Dans les coulisses édifiantes
des paradis fiscaux

Éditions Les Liens qui libèrent

ISBN : 979-10-209-1132-2

Préface

Quel rapport entre les GAFAM et les Templiers du Moyen-Âge ? Comme aujourd'hui Google, Apple, Facebook, Amazon et Microsoft, l'ordre du Temple (1129-1312) a été, en son temps, une grande multinationale qui a bénéficié de nombreux privilèges fiscaux. En luttant contre l'évasion fiscale des grands groupes, Renaud Van Ruymbeke s'inspire, il en a conscience, de l'action du roi de France Philippe le Bel. Rassurez-vous, il ne demande pas que Jeff Bezos, Bill Gates ou Mark Zuckerberg subissent le même sort que Jacques de Molay, le maître de l'ordre des Templiers, qui est mort sur un bûcher en mars 1314 (« Vous serez tous maudits jusqu'à la treizième génération »). Mais il rompt des lances avec plusieurs élites mondialisées – les oligarques russes, les dictateurs africains, tel président argentin ou tel Premier ministre géorgien –, qui se croient au-dessus des lois.

Son ennemi ? La grande fraude internationale. Ce livre sonne le tocsin. Il n'y a jamais eu autant d'argent sale en circulation dans le monde, entre 8 000 et 36 000 milliards de dollars selon les estimations. Dans son précédent ouvrage – *Mémoires d'un juge trop indépendant*, Tallandier, 2021 –, le juge Van Ruymbeke, aujourd'hui retraité, racontait ses enquêtes anticorruption en France (Urba, Clearstream, Cahuzac, etc.). Cette fois-ci, il s'attaque à la grande délinquance internationale. En démontant le système Elf, en traquant les fortunes de l'ex-président nigérian Sani Abacha, des fils de deux présidents à vie d'Afrique centrale ou des oligarques les plus proches de Vladimir Poutine, il dévoile toutes les ruses bancaires des fraudeurs et de leurs prête-noms, les contre-ruses des magistrats enquêteurs et le vrai scandale du siècle, les paradis fiscaux.

Bien sûr, tous les six mois, un lanceur d'alerte, couvert par un consortium de presse, révèle au monde les turpitudes d'une banque ou d'un cabinet d'avocats, ce qui permet d'épingler quelques hommes politiques et de forcer par exemple le Premier ministre islandais à démissionner. Mais ces scoops de presse ne sont que des incidents de parcours. Grâce aux places fortes du secret bancaire, comme Hong Kong, Singapour et Dubaï, le système continue de prospérer. En lisant ce livre, vous allez suivre le cheminement de l'argent sale – comme c'est bien expliqué, on comprend assez facilement –, vous allez partager le vécu d'un expert de la chasse aux fraudeurs et vous allez découvrir que le cœur du système se trouve à la City de Londres, où aucun magistrat enquêteur ne peut obtenir la moindre information sur des comptes suspects. Si les nouveaux dirigeants de la Grande-Bretagne – Charles III et Liz Truss – veulent montrer que leur pays n'est plus le royaume de l'hypocrisie et du double langage, ils ont devant eux un beau et vaste chantier.

Il n'y a pas que les Anglais… Au fil de la lecture, on apprend comment, du temps de François Mitterrand et de Jacques Chirac, deux de leurs lieutenants les plus fidèles, Michel Charasse et Jacques Toubon, ont tenté d'intimider le juge emblématique qu'était déjà Van Ruymbeke, premier magistrat en France à perquisitionner le siège d'un parti politique, celui du Parti socialiste. Et l'on découvre la mansuétude de Mitterrand et Chirac à l'égard de dictateurs corrompus comme Bébé Doc, l'ancien président d'Haïti, réfugié en France.

Le combat des juges contre les grands prédateurs de la finance est-il perdu d'avance? Pas sûr. Renaud Van Ruymbeke appartient à une génération de magistrats courageux et tenaces, qui enfoncent les portes les plus cadenassées. Il est de la même trempe que son collègue italien Giovanni Falcone, assassiné par la mafia à Palerme en mai 1992. Il est sur la même estrade que ses collègues suisse et espagnol, Bernard Bertossa et Baltasar Garzon, le jour où ils lancent ensemble, en octobre 1996, l'Appel de Genève pour une harmonisation fiscale et un espace judiciaire européens.

Le pari de ces juges anticorruption? À l'heure du Covid-19, les gens supportent de moins en moins les centaines de milliards de dollars qui échappent tous les ans à l'impôt. Finie l'époque où les Beatles tournaient en dérision leur percepteur anglais («Taxman», 1966) et où Florent Pagny narguait le fisc en chantant: «Quitte à tout prendre, prenez mes gosses et la télé. Ma brosse à dents, mon revolver, la voiture, ça, c'est déjà fait. Avec les interdits bancaires, prenez ma femme, le canapé, et même jusqu'à ma vie privée» («Ma liberté de penser», 2003). Au moment où les services d'urgence des hôpitaux sont démunis, faute de ressources, la lutte anticorruption est plus nécessaire que jamais.

Une méthode? Le *«name and shame»* (littéralement «nommer et faire honte»), comme disent les Anglo-saxons. Ce livre pointe la responsabilité de l'émirat de Dubaï, «épicentre de l'argent sale». Il appelle à une «lutte sans merci» contre les paradis fiscaux. Pourquoi ne pas les mettre en quarantaine? Du Luxembourg à l'État du Delaware (États-Unis), de Hong Kong à Singapour, cet ouvrage détruit la réputation d'États qui annoncent en fanfare la création d'une « *task force* anticorruption », mais qui en réalité font tout pour protéger le secret bancaire. Ce livre brise l'omerta, si chère aux grands fraudeurs. Il dit les choses et c'est comme cela qu'un jour, peut-être, on arrivera à bout du scandale de l'argent sale.

Christophe Boisbouvier
Journaliste

CHAPITRE 1

Un certain M. Poutine

Le *Shéhérazade* en eaux troubles

Le 24 février 2022, la Russie envahit l'Ukraine. En représailles, les pays occidentaux, l'Union européenne, la Grande-Bretagne et les États-Unis décident de sanctionner plusieurs centaines d'oligarques et leur famille ainsi que des personnalités politiques russes, parmi lesquelles le président Poutine. Les mesures s'étendent en avril 2022 à ses deux filles. Ces punitions consistent à geler leurs avoirs et à saisir leurs chalets, villas et yachts de luxe.

Pendant ce temps, le *Shéhérazade* parade dans le port de Marina de Carrara en Toscane. Ce luxueux yacht de 140 mètres, d'une valeur estimée à 640 millions d'euros, offre toutes les prestations imaginables : il dispose d'une piscine, de deux pistes d'hélicoptère, d'une salle de cinéma, d'un gymnase[1]…

1. « Le "Shéhérazade" un superyacht amarré en Toscane et attribué à Poutine », *Le Monde*, 26 mars 2022.

Alors que de nombreux États proclament *urbi et orbi* leur détermination à geler les biens du président Poutine et ses proches, le *New York Times* révèle que les membres de l'équipage appellent le *Schéhérazade* «le navire de Poutine». On apprend qu'il naviguait en été 2020 et 2021 dans les eaux de la mer Noire, non loin de Sotchi, là où M. Poutine s'était isolé et réfugié durant la pandémie.

La justice italienne est aux aguets. M. Poutine en est-il le véritable propriétaire, condition *sine qua non* pour le saisir? Difficile de l'établir, car le yacht est immatriculé aux îles Caïmans, paradis fiscal notoire, et la société qui le possède, baptisée Beilor, serait enregistrée aux îles Marshall, en Micronésie, également réputées pour leur opacité. Deux États confettis spécialisés dans le blanchiment de l'argent sale.

Des îles inféodées aux États-Unis

Les îles Caïmans comptent une population de 65 000 habitants qui vivent sur 339 kilomètres carrés. Cet archipel, comme bien d'autres de par le monde, est rattaché à la couronne britannique. Il abrite un nombre considérable de sociétés-écrans appelées aussi structures *offshore*. C'est l'un des plus grands paradis fiscaux du monde: il n'existe pas d'impôt sur les sociétés aux îles Caïmans.

Les oligarques russes, qui le savent parfaitement, n'hésitent pas à confier leur patrimoine à un refuge d'obédience anglo-saxonne, ce qui n'est pas le moindre des paradoxes.

Les îles Marshall, au milieu de l'océan Pacifique, sont encore plus paradisiaques. La taille est comparable : 60 000 habitants vivent sur une surface de 181 kilomètres carrés. Elles ont des liens privilégiés avec les États-Unis. Ces îles ne prévoient, elles non plus, aucun impôt sur les sociétés. Elles offrent une particularité : elles se sont spécialisées dans la fourniture de pavillons de complaisance. Aussi de nombreux yachts de luxe y sont-ils immatriculés.

Ainsi l'opacité du montage mis en place pour masquer le propriétaire du navire dont l'usage semble réservé à M. Poutine résulte-t-elle du recours à la législation protectrice de deux territoires relevant de la sphère anglo-saxonne. Les États-Unis et la Grande-Bretagne, qui ont ordonné le gel des biens du président russe et de ses proches, se révèlent incapables de déterminer le nom du propriétaire du *Shéhérazade* alors que tout est enregistré dans des petits territoires qui sont dans leur zone d'influence !

Ce simple constat montre que les dirigeants de puissants pays, extérieurs à la sphère occidentale, tels que la Russie ou la Chine, cachent leurs avoirs dans des pays *offshore* occidentaux en toute impunité. Lorsque l'Occident ordonne le gel de ces avoirs, il ne peut le réaliser du fait de l'opacité organisée sur son propre territoire. Ainsi le piège, qu'il a lui-même mis en place, se referme-t-il sur lui. Comment expliquer une telle incohérence ?

Pour tenter d'en savoir davantage sur le détenteur du *Shéhérazade*, il appartient à la justice de mener une enquête, par nature à la fois longue et complexe. En consultant un site qui recense les navires de luxe, on apprend que derrière le paravent de ces îles exotiques masquant le nom du véritable propriétaire du *Shéhérazade* serait dissimulé un oligarque. Il s'agit de l'ex-vice-président de la société Rossneft, qui a la mainmise sur le pétrole russe. Nul n'ignore les liens étroits en Russie entre le pouvoir politique et les oligarques qui dirigent les grandes entreprises, notamment dans le secteur stratégique de l'énergie. Dès lors se pose la question suivante : cet oligarque détiendrait-il le yacht pour le compte de M. Poutine ? On peut certes le penser, car sa proximité avec ce dernier est patente. Pour autant, cet élément n'est qu'un indice et ne peut caractériser une preuve suffisante au regard de la loi.

Il est clair également qu'un dirigeant aussi connu que le président de la Russie, comme d'autres autocrates sévissant sur notre planète, ne peut disposer en son nom propre, de surcroît à l'étranger, d'un patrimoine sans rapport avec ses ressources officielles. Les hommes politiques ne se déplacent pas dans les paradis fiscaux pour y immatriculer des yachts ou ouvrir des comptes. Ils utilisent des « prêtes-noms », des affairistes ou des proches en lesquels ils placent toute leur confiance. L'important pour eux est de pouvoir en bénéficier de leur vivant et, du moins l'espèrent-ils, les transmettre à leurs enfants, leurs épouses ou leurs maîtresses après leur disparition.

Le recours à un prête-nom leur assure également une certaine sécurité pour le cas où ils seraient renversés. Ils bénéficient ainsi de véritables assurances-vie, à condition que les personnes de confiance ne les trahissent pas. Tant que ces dirigeants sont en place, ils exercent de fait sur eux un pouvoir de dissuasion tel que ceux-ci ne peuvent être tentés, de s'approprier les biens qu'ils détiennent pour leur compte. Évidemment, lorsque ces autocrates disparaissent, ces « amis » peuvent tout aussi bien s'approprier les biens inscrits à leur nom.

Lorsque je découvre dans la presse l'affaire du *Shéhérazade*, en habitué des labyrinthes de la finance internationale, je mesure à quel point le travail de la police financière et des procureurs italiens sera long, fastidieux et aléatoire. Ils devront d'abord prouver que l'oligarque est bien le véritable propriétaire du *Shéhérazade*, puis établir preuves à l'appui que ce dernier agit pour et au nom du président russe. Or, ils se heurteront aux obstacles dressés par le monde hermétique de l'*offshore*. La justice ne pourra se contenter de la vidéo diffusée par la fondation Navalny montrant que l'équipage est composé de Russes dont plus de la moitié seraient membres du FSO, service chargé entre autres de la protection du président. C'est certes un indice supplémentaire. Il en faudra d'autres pour compléter le dossier et bâtir une démonstration convaincante.

Une goutte d'eau dans la mer

Ne nous y méprenons pas. Le *Shéhérazade* est l'arbre qui cache la forêt. La fortune des oligarques russes cités sur les listes publiées par les États-Unis et l'Europe est immense. Les 510 personnalités et entités russes et biélorusses qui figurent sur la seule liste européenne disposent de centaines de milliards d'euros. Pourtant, le butin est mince. En mars 2022, le montant global des avoirs gelés par les États européens ne s'élevait qu'à 15,4 milliards d'euros : des comptes en banque au Luxembourg, des propriétés sur la Côte d'Azur, des yachts luxueux, des villas de grand luxe en Toscane et en Sardaigne… En France, une réévaluation au 27 juillet 2022[1] retient un montant total de saisies s'élevant à 1,186 milliard d'euros, dont plus de 700 millions correspondent à plus d'une cinquantaine de biens immobiliers.

En dépit de leur caractère spectaculaire, les saisies réalisées ne représentent qu'une goutte d'eau par rapport à la fortune personnelle des oligarques visés par les sanctions occidentales.

Des mesures de gel sans lendemain ?

De plus, les mesures de gel prises à leur encontre par les États, comme l'Allemagne et la France dans ces deux cas précis, ne sont que provisoires et ont vocation à être

1. « Avec le ciblage des oligarques russes et la surveillance de leurs avoirs, Tracfin a élargi ses missions », *Le Monde*, 27 juillet 2022.

levées un jour. C'est le cas des sanctions prises par Bercy. Ce ne sont que des décisions prises instantanément par le pouvoir politique. Aussi n'ont-elles qu'une portée relative dans un État de droit : dans nos démocraties, toute personne, quelle qu'elle soit, a des droits qu'elle peut faire valoir par la voix de ses avocats.

Seule la justice dispose du pouvoir de saisir des biens et de les confisquer de façon définitive à l'issue d'un procès équitable. Encore faut-il qu'elle intervienne, c'est-à-dire qu'elle soit saisie par le ministère des Finances ou par des associations anticorruption. La justice devra alors établir que les fonds proviennent d'infractions pénales, telles que le détournement d'argent public ou la corruption. L'enquête sera longue. En France, la justice est actuellement saisie d'un dossier visant des oligarques. Une association luttant contre la corruption, l'ONG Transparency International, a déposé plainte à Paris, auprès du parquet national financier, le 20 mai 2022 pour « blanchiment, non-justification de ressources, recel et complicité de ces trois infractions ». Si elle cible des biens appartenant à des oligarques russes, la plainte est déposée contre X, c'est-à-dire contre toute personne que l'enquête pourra identifier, faute pour l'association d'avoir à ce stade des éléments précis sur le nom des propriétaires des biens. Il appartiendra bien sûr à la justice de le prouver, ce qui prendra des mois, voire des années. Tout dépendra du degré de sophistication des montages réalisés par les conseillers avisés de ces oligarques.

Il paraît évident que les oligarques russes ne détiennent pas en leur nom propre les actifs dont ils disposent, comme c'est la règle pour la plupart des milliardaires. Ils ont déjà été ciblés en 2014 lors de l'invasion de la Crimée, aussi ont-ils eu largement le temps de mettre leurs avoirs en lieu sûr. Des écrans sont en place. Il peut s'agir de sociétés fantômes, mais aussi, comme pour les dictateurs, de membres de leur famille, d'amis, d'hommes ou de femmes de confiance qui acceptent de prendre les biens à leur nom pour leur compte. C'est pourquoi la plainte de Transparency International se contente de citer des proches du président Poutine ayant investi dans l'immobilier de luxe dans la montagne chic, au Pays basque ou sur la Côte d'Azur. L'ONG reconnaît elle-même qu'elle se heurte à des obstacles pour identifier les oligarques bénéficiaires des sociétés fictives et *trusts* mis en place pour acquérir ces biens. Elle relève également, tout en le déplorant, que les opérations médiatisées de gel (réalisées par Bercy) « ne représentent qu'une petite partie des richesses illicites cachées ». Cet aveu de faiblesse en dit long sur les difficultés de la tâche que devront accomplir les magistrats s'ils veulent parvenir à confisquer, au terme d'un processus fastidieux, tout ou partie de ces biens.

En résumé, seule une faible proportion des biens des oligarques a été gelée à titre provisoire. Il n'existe aucune certitude sur le fait que ces saisies puissent un jour aboutir à des confiscations. Quant aux biens non gelés, ils n'ont pu être identifiés.

Des paradis fiscaux complaisants

En prenant connaissance à la lecture de la presse des entraves qui freinent l'action des États dans la saisie des biens des oligarques, je ne suis guère surpris. Cette situation ne fait que me conforter dans l'opinion que j'ai pu me forger après avoir exploré, au pôle financier de Paris, les méandres des circuits d'argent internationaux pendant plus de vingt années. En dépit de pouvoirs d'investigation apparemment étendus, j'ai parfois été tenu en échec et dû admettre que les recherches que j'avais entreprises pour geler des biens étaient vaines. Faute de preuve, face à des montages particulièrement sophistiqués, je ne suis pas toujours arrivé à démontrer de façon irréfutable que la personne poursuivie, un escroc ou une personne corrompue, était le véritable propriétaire du bien. J'imagine aisément les difficultés rencontrées aujourd'hui par Bercy et le procureur financier.

Ces difficultés récurrentes révèlent l'impuissance des États démocratiques à percer les mystères des structures *offshore* et à appréhender les montages juridiques et financiers de plus en plus complexes mis au point par des conseillers avisés, anglo-saxons, suisses ou luxembourgeois, pour masquer l'identité des détenteurs de grandes fortunes, qu'ils soient russes ou de toute autre nationalité. Un univers de sociétés-écrans, de *trusts*, de prête-noms et d'hommes de paille, de conseillers financiers et juridiques spécialisés (appelés aussi « fiduciaires ») protège les auteurs de gigantesques fraudes, certes fiscales, mais souvent aussi délictuelles et criminelles. On y trouve pêle-mêle des trafiquants de drogue, des dirigeants de sociétés multinationales soucieux d'éluder l'impôt, des oligarques bien sûr, des mafieux, des dictateurs avides et corrompus…

Jamais les paradis fiscaux ne se sont aussi bien portés qu'aujourd'hui, malgré les tentatives – vaines – de neutralisation exercées de bonne foi par des institutions internationales de premier plan telles que l'Organisation de coopération et de développement économiques (OCDE) ou le G20. Les comptes rendus de la presse sont éloquents et convergents. Le doute n'est pas permis. Les fuites que constituent les Panama Papers (fichier de sociétés *offshore* révélé par un consortium international de journalistes, nous y reviendrons au chapitre 11) et autres scandales confirment la parfaite santé et la prospérité des places *offshore* en dépit des engagements qu'elles ont officiellement pris de mettre fin à des pratiques condamnables. L'économiste Gabriel Zuchman évalue à 8 700 milliards de dollars les avoirs cachés dans des paradis fiscaux. L'enjeu est d'évidence colossal.

Cette situation est d'autant plus paradoxale que les paradis fiscaux prospèrent au sein du monde occidental. On peut penser à nouveau aux îles Caïmans et Marshall. Ou pire, au Delaware aux États-Unis et à la City à Londres. Comment expliquer de telles failles si ce n'est par une certaine complaisance de ces États qui se prétendent engagés dans la lutte contre la délinquance en col blanc ?

C'est ce monde opaque que j'ai exploré. J'ai mis des années à déceler et comprendre des opérations complexes. C'est pour partager cette expérience que j'ai entrepris la rédaction de ce livre avec l'objectif de faire connaître au citoyen les mécanismes de ce fléau qui nargue, pille, menace nos démocraties et perdure.

CHAPITRE 2
Le monde *offshore* : de découverte en découverte

Ma vie professionnelle a été un long apprentissage. Le monde de l'*offshore* ne m'a été révélé que progressivement. Lorsque j'ai débuté comme jeune magistrat à la fin des années 70, je n'avais qu'une vague idée de ce que pouvait être un compte en Suisse. Un secret de famille. Tel l'or dissimulé au fond d'une cave dans une cache inconnue. Aussi interdit qu'une relation adultère dans le Code civil. Une transgression. Le compte « à numéro » évoquait également dans mon esprit de mystérieuses mallettes de billets. Avais-je tort ? Non, ce n'était pas une illusion.

L'affaire Boulin

L'enquête qui me fut confiée en 1979 sur l'affaire des terrains de Ramatuelle, qui devait aboutir à la mort de Robert Boulin, alors ministre du Travail, a été pour moi une révélation. Je découvris en effet que le principal suspect, Henri Tournet, un ami proche du ministre, avait eu recours à une société suisse. Grâce à l'intervention de cette société, Henri Tournet avait réussi à vendre deux fois les mêmes terrains, soit 36 hectares à Ramatuelle (dans la presqu'île de Saint-Tropez). Comment était-ce possible ?

Henri Tournet, qui possédait en son nom ces terrains, les avait vendus une première fois à des acquéreurs normands souhaitant faire une belle opération immobilière. Il leur avait fait miroiter leur constructibilité, fort du soutien du ministre Robert Boulin auprès du préfet du Var. Le notaire de Coutances qui avait réalisé la vente n'avait cependant pas pu faire enregistrer l'acte au service des hypothèques. Il avait en effet omis de délimiter dans l'acte les parcelles forestières exemptées de droits d'enregistrement. La vente n'ayant pu de ce fait être régularisée, Henri Tournet figurait toujours comme propriétaire des parcelles dans le registre des hypothèques de Draguignan. Il s'était alors adressé, à l'insu des acquéreurs normands, à un second notaire, dans le Var, pour vendre une seconde fois les mêmes terrains, cette fois-ci à une société suisse nommée Holitour. Il s'était bien gardé de révéler au notaire du Var l'existence de la précédente vente aux Normands. Cette même société suisse devait peu de temps plus tard céder deux hectares à Robert Boulin qui fut le seul autorisé à construire une villa.

Le second acte de vente, de Tournet à Holitour, a été, lui, régulièrement enregistré aux Hypothèques. La société suisse est ainsi devenue officiellement propriétaire des terrains. Découvrant la supercherie, la Chambre des notaires de la Manche, appelée en garantie par les premiers acquéreurs du fait de la négligence du premier notaire, déposait plainte. C'est l'origine du dossier des terrains de Ramatuelle qui m'a été confié. Quelque mois plus tard survint la mort du ministre.

Henri Tournet l'avait mis personnellement en cause. Au cours de l'instruction, il avait même expliqué que la vente des deux hectares par la société Holitour à Robert Boulin était une fausse vente, car, en réalité, il s'agissait d'un don qu'il avait consenti à son ami. Dans une lettre posthume publiée le lendemain de sa mort, le ministre devait s'en défendre et qualifier Henri Tournet d'escroc mythomane.

Lorsque j'ai pris connaissance de cette affaire immobilière, j'ignorais tout des montages suisses. J'avais entendu parler des comptes à numéro masquant l'identité de leurs détenteurs, mais en aucun cas du recours à des sociétés suisses. L'intervention de la société suisse Holitour, qui avait acheté les terrains devant le notaire du Var, m'est évidemment apparue suspecte. Qui avait créé et utilisé cette structure ? Qui cachait-elle ? Un mystérieux acquéreur étranger ? Pourquoi avoir choisi la Suisse alors qu'il est aisé de créer une société en France ? Était-ce un investisseur ? J'ai découvert la supercherie en instruisant le dossier : l'utilisation de cette société suisse permettait de masquer que l'acquéreur, Holitour, n'était autre que le vendeur, Henri Tournet ! Par ce tour de passe-passe, Henri Tournet se vendait en quelque sorte le terrain à lui-même. Il récupérait ainsi, sous couvert de sa société suisse, le terrain qu'il avait précédemment vendu aux Normands, alors même qu'il en avait encaissé le prix.

Cette affaire m'a appris qu'une société créée en Suisse permettait à son « bénéficiaire » de ne pas révéler son identité, ce qui lui donnait la faculté d'acquérir sans apparaître des terrains dans le sud de la France. Il lui suffisait de créer une société fictive à Genève et de l'utiliser pour réaliser des investissements. C'était bien entendu vrai pour toute autre acquisition immobilière, qu'il s'agisse d'une villa ou d'appartements à Paris ou à Courchevel comme je le découvrirai ultérieurement en enquêtant sur des faits de corruption et de détournements de fonds.

L'enrichissement d'un chef d'entreprise

J'eus à nouveau affaire à la Suisse quelques années plus tard. Je fis alors de nouvelles trouvailles. Le dirigeant d'une entreprise française avait créé une société fictive, du style Holitour. Il avait ouvert au nom de celle-ci un compte dans une banque suisse. Pourquoi et à quelles fins ?

Le stratagème mis en place était simple. La société française importait des matières premières venant d'Asie. Normalement, elle aurait dû les acquérir elle-même, directement, auprès de la société basée en Asie. Cependant, le dirigeant de l'entreprise française avait interposé la société fictive dans le processus d'achat. C'est en effet cette société-écran qui procédait aux achats auprès du fournisseur étranger, puis revendait les biens acquis à l'entreprise française. Elle prenait une marge au passage. La différence de prix était conservée sur le compte suisse et laissée à la disposition du dirigeant. Il s'enrichissait ainsi sur le dos de la société à l'insu de ses salariés.

Le point commun entre l'affaire de Ramatuelle et ce dossier, c'est l'intervention d'une société gérée en Suisse permettant de réaliser, sous couvert de celle-ci, des opérations frauduleuses. Ce qui m'a frappé dans les deux cas, c'est la simplicité du montage. Ces deux exemples m'ont conforté dans l'idée que la Suisse, du fait de son secret bancaire, rendait possible non seulement la fraude de l'impôt (ce qui était de notoriété publique), mais aussi la commission d'escroqueries ou l'appropriation indue de biens en France.

Mais c'est en enquêtant sur des affaires politico-financières dans les années 90 que j'allais réaliser que des hommes et des partis politiques avaient, eux aussi, recours à des circuits passant par la Suisse. Je comprenais alors que toute réforme d'envergure se heurterait à de fortes oppositions.

Le financement frauduleux de la vie politique jusqu'aux années 90

Les années 90 ont marqué un tournant dans le financement de la vie politique en France, mais aussi en Italie et en Espagne. Jusqu'alors, des mécanismes frauduleux étaient en place. C'est ainsi que de nombreux marchés publics étaient attribués à des entreprises acceptant de verser des commissions à des bureaux d'études et des intermédiaires chargés de récolter des fonds pour les partis politiques. Ces flux masquaient des détournements de fonds des entreprises, du trafic d'influence voire de la corruption. Un véritable système était ainsi en vigueur. Reposant sur la discrétion, il supposait une confiance mutuelle entre les différents partenaires, qu'il s'agisse de l'entreprise (payeur), de l'officine (réceptrice) ou des élus et du trésorier du parti (destinataires finaux).

Seule l'intervention de la justice devait mettre fin au caractère systématique de tels agissements.

En dépit de leur caractère répréhensible et illégal, ces pratiques paraissaient normales tant aux chefs d'entreprise, qui étaient assurés d'être attributaires des marchés publics auxquels ils étaient candidats, qu'aux élus. Lors des procès, ces derniers ont expliqué qu'ils ne pouvaient pas agir autrement puisque leur parti ne disposait pas de ressources suffisantes. Il est vrai que jusqu'en 1988, il n'existait pas de financement public des partis politiques. Les cotisations des sympathisants ne permettaient pas de faire face aux nouvelles dépenses liées aux campagnes.

Ce n'est que suite à l'éclosion des affaires de la SORMAE et Urba, en dépit des entraves mises par un pouvoir politique soucieux de se protéger grâce à la complaisance de procureurs nommés par lui, que des lois ont finalement été adoptées prévoyant un financement public, c'est-à-dire par l'impôt, de la vie politique.

Pourquoi le pouvoir politique a-t-il attendu l'intervention de la justice, qu'il a d'ailleurs dénoncée sans retenue, pour voter des lois assurant la transparence du financement des partis et des campagnes des élus ? Comment a-t-il pu accepter jusqu'alors l'existence de telles pratiques qui avaient tendance à se généraliser ?

L'affaire Urba fut très médiatisée, car elle portait sur le financement frauduleux du Parti socialiste et mettait en cause son trésorier national, Henri Emmanuelli. Je fis personnellement l'objet d'une campagne de dénigrement systématique par les plus hauts responsables du Parti socialiste, notamment lors du Congrès de Bordeaux en juillet 1992. Lors de l'allocution du 14 juillet, le président de la République François Mitterrand devait manifester son soutien à Henri Emmanuelli et disqualifier l'instruction en déclarant que la procédure lui paraissait « bizarre ». Ce mépris affiché envers la justice et ce parti pris, émanant du chef de l'État garant de l'indépendance de la justice, n'ont guère été dénoncés à l'époque. En redécouvrant ces propos lors d'une interview l'an dernier, j'ai été révolté. J'imagine mal le président Macron prendre une telle position aujourd'hui dans une instruction en cours visant l'un de ses fidèles. Le tollé serait général.

L'instruction aboutit néanmoins et la procédure fut validée par la Cour de cassation. Le trésorier du parti, également président de l'Assemblée nationale, fut condamné.

Cependant, j'ai progressivement réalisé que l'affaire Urba était l'arbre qui cachait la forêt.

Ce dossier ne mettait en évidence aucun circuit à l'étranger. Par contre, en enquêtant dans des dossiers parallèles de financement politique illégal et en échangeant avec quelques collègues en charge de dossiers de même nature, j'ai compris qu'il existait d'autres filières de financement, hors de nos frontières, beaucoup plus opaques. Un travail considérable a été accompli à cet égard par les magistrats de Genève, qui investiguaient sur le fondement de demandes émanant de juges français, mais aussi espagnols et italiens.

Au fil de ces enquêtes internationales, nous nous sommes aperçus que des commissions suspectes avaient pris le chemin de la Suisse. Plusieurs scénarios étaient apparus. Parfois, les comptes suisses étaient alimentés par des entreprises au profit d'intermédiaires proches des élus ou des partis. Pour justifier du bien-fondé du versement de ces commissions à l'étranger, ces intermédiaires émettaient de fausses factures. J'ai par exemple en mémoire une affaire où une entreprise française avait fait appel à sa filiale brésilienne pour envoyer les fonds en Suisse.

Il apparaissait aussi que des entreprises disposaient elles-mêmes de comptes en Suisse. Elles pouvaient ainsi ordonner des virements au débit de ces comptes en faveur d'autres comptes suisses ou luxembourgeois bénéficiant aux intermédiaires. Certaines entreprises détenaient de véritables caisses noires.

L'homme de confiance désigné pour mettre en œuvre ces stratagèmes au sein des entreprises était souvent un haut cadre affecté à la division internationale du groupe, chargé de la gestion des comptes *offshore*. Il lui fallait s'assurer que les fonds ne prenaient pas d'autres destinations que celles prescrites par la direction générale et requises par la direction commerciale. Généralement, c'était un homme très discipliné et d'une loyauté absolue qui effectuait ce travail pendant des années. Cette personne en référait directement au directeur de l'international ou au directeur général qui lui délivrait des instructions. Il était convaincu de l'utilité de sa tâche réalisée dans le seul intérêt du groupe : gagner des marchés permettait de développer l'activité de la société.

Il se rendait une fois par an en Suisse auprès d'une société dite « fiduciaire », chargée de la gestion des fonds, pour examiner les comptes et signer un quitus. Le système était parfaitement huilé.

Dans d'autres cas, les entreprises remettaient des sommes en espèces en France aux intermédiaires qui allaient les déposer sur un compte suisse ouvert à leur nom.

Quel que soit le cas de figure, la question récurrente portait sur la destination finale de ces commissions.

Comment faire rentrer l'argent de Suisse en France (ou en Italie ou en Espagne) pour financer les partis ou corrompre les élus ? Dans la plupart des cas, des retraits en espèces intervenaient sur les comptes suisses, puis l'argent était rapatrié en France où il était distribué.

Là encore, il existait des variantes. Le plus fréquemment, l'intermédiaire se rendait lui-même sur place pour y retirer l'argent en liquide. À l'époque, les banques suisses permettaient à leurs clients de réaliser de gros retraits de fonds en espèces. Le titulaire du compte passait en effet commande d'importantes sommes, allant de 100 000 francs à 500 000 francs (soit de près de 22 800 euros à 114 000 euros). Il lui fallait en effet s'assurer que la banque disposait de suffisamment de billets. Si elle en manquait, elle s'approvisionnait auprès de la Banque de France. Une fois l'argent livré à l'établissement financier, le titulaire du compte se présentait au guichet de la banque suisse où il signait un reçu conservé par le caissier lors du retrait.

Celui qui effectuait le retrait n'était cependant pas toujours le titulaire du compte, ce pouvait être une personne de confiance désignée par ce dernier. Ce pouvait être aussi le destinataire final des fonds.

Les intermédiaires qui ont pu être identifiés par la justice affirmaient le plus souvent avoir conservé pour eux l'intégralité des fonds, tout en expliquant qu'ils avaient joué un vrai rôle de lobbyiste ayant permis aux entreprises d'obtenir les marchés. Ils se gardaient bien de révéler le nom des destinataires, notamment lorsque l'argent était destiné à un parti. Peut-être escomptaient-ils le soutien du parti politique concerné ou de ses dirigeants pour intervenir devant la justice. L'histoire ne le dit pas.

En tout état de cause, reconnaître de tels versements aurait constitué des aveux accablants sur des faits de corruption. Personne n'avait ainsi intérêt à parler. La double protection des comptes suisses – difficiles à identifier – et de la remise d'espèces permit la plupart du temps aux partis politiques en question d'éviter d'être poursuivis. Ce double écueil, à savoir le recours à des comptes suisses et l'existence d'opérations en espèces, mettait en échec l'action de la justice.

Tout était en place pour empêcher l'éventuelle enquête d'aboutir, faute de preuves. C'est à travers ces expériences que j'ai appréhendé petit à petit ce que pouvait être un paradis fiscal. La Suisse en était dans les années 80 et 90 la parfaite illustration. Elle était cependant loin d'être la seule.

CHAPITRE 3
La duplicité des paradis fiscaux

Je me suis souvent posé la question de savoir comment définir un paradis fiscal. Si chacun comprend ce qu'est un « paradis fiscal », il est difficile d'en donner une définition précise. Quels liens y a-t-il entre la Suisse et les îles Caïmans, entre Singapour et Dubaï, entre Gibraltar et Hong Kong ? Il existe toute une panoplie de places régulièrement citées comme des paradis fiscaux présentant des facettes bien différentes. Toutes n'offrent pas les mêmes avantages pour les fraudeurs. Cependant, un tronc commun peut être déterminé afin de qualifier un pays de « paradis fiscal ».

Les quatre piliers

Un paradis fiscal est souvent qualifié de « place *offshore* ». Que doit-on comprendre en évoquant ce terme ? Ce n'est pas un hasard si le mot est intraduisible. De fait, les pays anglo-saxons occupent historiquement une place centrale dans le dispositif *offshore*, même si elle n'est pas exclusive. Les Anglais ont bien créé dès la fin du XIXe siècle le football qui est aujourd'hui pratiqué dans le monde entier. Ils n'en ont pas longtemps conservé le monopole puisque la Fédération internationale (FIFA) existe depuis 1904. Ils sont toujours au premier rang, mais d'autres champions tiennent la corde. Il en va de même pour les paradis fiscaux. Une vive compétition oppose les participants qui se disputent l'argent de la fraude.

En anglais, *offshore* veut dire « au large des côtes », c'est pourquoi l'on pense immédiatement aux petites îles anglo-normandes, ou aux îles Caïmans… Mais cette expression vise aussi des pays comme Monaco, qui n'est pas vraiment une île, ou le Liechtenstein entouré, non par la mer, mais par de hautes montagnes tout aussi protectrices… Il ne faut évidemment pas retenir le sens littéral du terme *offshore*. Il signifie qu'il s'agit d'une place située au-delà des frontières, isolée et difficilement accessible au regard des investigations sur les comptes bancaires, qu'elle soit lointaine ou pas – le refuge existe bien souvent à nos portes. Le mot *offshore* est synonyme d'extériorité et de protection renforcée. L'éloignement est virtuel. C'est une première condition. Cependant, d'autres critères, non cumulatifs, doivent être pris en compte.

Un paradis fiscal, qu'on appelle donc aussi place *offshore* ou *tax haven* en anglais, est un pays, souvent petit, qui prescrit dans sa législation un secret bancaire absolu, principe qui a pour corollaire une absence totale de transparence. Les comptes sont secrets, jalousement gardés par les banques qui veillent à ce que les tiers ne puissent disposer d'aucune information ni sur leurs titulaires ni sur les opérations réalisées. Le secret des affaires est considéré comme l'un des droits fondamentaux de la personne… et prévaut sur l'intérêt public.

En France, le titulaire d'un compte est enregistré auprès d'un organisme central rattaché au ministère des Finances. L'ensemble des comptes ouverts dans le pays y sont identifiés. Bien évidemment, une telle centralisation des comptes bancaires n'existe pas et est même proscrite dans un paradis fiscal, soucieux d'éviter tout contrôle de l'autorité publique et de préserver le secret bancaire. Seul le banquier connaît, à titre confidentiel, le bénéficiaire d'un compte. Il conserve cette information précieusement et ne peut la révéler aux tiers. C'est son fonds de commerce.

En second lieu, ces pays dits à fiscalité privilégiée ne prévoient qu'une imposition faible, voire inexistante, des sociétés et des individus fortunés qui y élisent domicile. Sont principalement concernés l'impôt sur le revenu, sur les sociétés, sur les plus-values… Ils prospèrent bien évidemment avec l'augmentation de la pression fiscale qui s'exerce dans nos États qui ont le souci de la redistribution et supportent la charge des dépenses publiques. Le contraste est saisissant entre les États qui assurent ces services publics, tels que les hôpitaux ou les écoles et universités, et les États refuges qui ouvrent leurs comptes aux plus fortunés et facilite leur propension à éluder l'impôt et à éviter de contribuer à ces dépenses. C'est une profonde injustice fiscale.

En troisième lieu, une place *offshore* permet à ceux qui y trouvent refuge de disposer de sociétés ou autres entités purement fictives. Ce sont des *trusts* anglo-saxons, des sociétés panaméennes, des fondations du Liechtenstein qui n'ont rien de philanthropique… Ces coquilles vides n'ont ni bureaux ni salariés. Elles sont dénuées de toute activité et n'ont d'autre finalité que de dissimuler le véritable bénéficiaire. Les comptes bancaires sont ouverts, non pas au nom des clients fortunés, mais au nom de ces sociétés-écrans qui leur servent de paravent.

Enfin, ce qui caractérise une place *offshore*, c'est l'existence de professionnels hautement qualifiés et spécialisés, qui peuvent être un chargé de clientèle dans une banque, un avocat ou tout autre cabinet de conseils, parfois appelés « fiduciaire », qui sont en relation directe avec le client. Ces experts se chargent de fournir, clefs en main, un dispositif *offshore* composé d'une ou de plusieurs sociétés-écrans qui n'ont d'autre but que de masquer l'identité des clients et d'opacifier la circulation de l'argent. Dans ce processus qui constitue du blanchiment, les avoirs sont mis à l'abri.

L'ami et la société fiduciaire

Au fil des enquêtes qui m'ont été confiées, j'ai pu réaliser qu'un montage *offshore* mettait en scène plusieurs acteurs aux rôles bien définis et complémentaires.

Prenons l'exemple des personnalités corrompues, des hommes politiques à la tête d'États non démocratiques. Imaginons que l'un d'eux doive recevoir une commission occulte de 100 millions de dollars d'une multinationale qui obtient l'accès à un puits de pétrole. Comment peut-il bénéficier de cet argent sans prendre le risque d'être identifié ? Il va s'adresser à un homme d'affaires, avec lequel il a noué de longue date des liens de confiance et d'amitié. Cet ami est lui-même en relation avec une société fiduciaire genevoise, qu'il connaît pour avoir déjà « travaillé » avec elle. Il lui a déjà confié la gestion de sa fortune qui s'élève à un milliard de dollars. Cette fiduciaire offre l'avantage de bénéficier d'une excellente réputation sur la place et gère la fortune de ses clients en toute sécurité et en toute discrétion.

L'ami, après avoir pris rendez-vous, se rend auprès de la fiduciaire de Genève. Lors de la rencontre, il expose les motifs de sa visite et explique qu'il doit recevoir 20 millions de dollars, à titre de commissions dans le cadre de contrats obtenus par une grande compagnie pétrolière. Il précise qu'il souhaite disposer d'un compte distinct de ceux qu'il a déjà ouverts et qui ont été utilisés jusqu'alors, car il a le souci de limiter les connexions possibles entre les affaires passées et cette commission. C'est un réflexe de prudence que la fiduciaire ne peut qu'approuver. À aucun moment il ne fait état de la personne corrompue. C'est lui et lui seul qui apparaît. L'argent sera à son nom.

Ce rôle de « prête-nom » est d'autant plus utile que des lois anti-blanchiment ont été adoptées dans des pays comme la Suisse imposant à la société fiduciaire de noter le nom du bénéficiaire « déclaré » d'un compte et de s'assurer que l'argent transitant sur ce compte ne constitue pas le produit d'une infraction, telle que la corruption. Bien entendu, la fiduciaire (c'est même son métier) sait pertinemment que son client, l'homme d'affaires, cherche à placer en toute discrétion des ressources non fiscalisées, mais ce n'est pas son problème. La fiduciaire ne posera pas davantage de questions sur l'origine des fonds dès lors que l'intermédiaire travaille dans les affaires et peut, à ce titre, disposer d'une certaine fortune et d'un entregent justifiant la perception de telles commissions. Elle ne mènera en conséquence aucune investigation et, bien sûr, en informe son client ainsi rassuré. Lors de l'entrevue, l'affairiste charge la fiduciaire de gérer les 20 millions à venir et lui indique qu'il sera son seul interlocuteur direct. C'est lui qui délivrera les instructions sur l'usage des fonds.

Dans cet exemple, classique, la personnalité corrompue bénéficie d'une double protection. Son ami, l'homme d'affaires, lui sert de paravent et la fiduciaire gère les fonds en toute discrétion. Le seul risque est lié au fait que son ami connaît son nom.

Pour renforcer cette double protection (déjà forte), la fiduciaire réalisera en outre un montage afin de rendre les opérations à venir totalement opaques.

Elle proposera en premier lieu d'ouvrir un compte dans un pays où le secret bancaire est fort, par exemple à l'île de Man. Le compte peut aussi être ouvert dans une place plus éloignée et particulièrement discrète, mais tout aussi sécurisée : Singapour.

Elle proposera en second lieu, par précaution, d'ouvrir ce compte, non pas au nom de l'homme d'affaires, mais au nom d'une société panaméenne dont il sera le bénéficiaire occulte.

Le fiduciaire et l'ami sont donc des maillons essentiels et systématiques dans les montages frauduleux.

Les fournisseurs de sociétés *offshore*

Comment une société fiduciaire peut-elle disposer si facilement d'entreprises domiciliées au Panama ou dans d'autres paradis fiscaux ? Tout simplement parce qu'elle a un correspondant habituel au Panama qui lui en fournit sur demande. Une fiduciaire suisse ou luxembourgeoise achète ainsi des sociétés panaméennes prêtes à l'emploi, régulièrement immatriculées au Panama, auprès d'un cabinet spécialisé basé sur place afin de les revendre à ses clients. Tel est précisément le cas du cabinet Mossack Fonseca, qui a défrayé la chronique, son fichier ayant été communiqué à des agences de presse par un lanceur d'alerte lors du scandale des Panama Papers. Le métier de cet honorable correspondant consiste à créer des sociétés fictives, à les enregistrer et à les vendre aux fiduciaires suisses, luxembourgeoises, chypriotes, du Liechtenstein… qui en expriment le besoin. Bien entendu, il sait parfaitement, comme les fiduciaires qui sont ses clientes, que ces sociétés n'ont d'autre finalité que de protéger l'identité de personnes soucieuses de cacher leurs ressources et leur fortune. Aussi la plus grande discrétion est-elle de mise.

Les différents acteurs interviennent donc de manière concertée : la fiduciaire suisse qui ouvre et gère les comptes sur les instructions de l'homme d'affaires, le cabinet panaméen qui fournit la société-écran à la fiduciaire et le banquier de Singapour qui accepte de recevoir les fonds au nom d'une société panaméenne gérée par une fiduciaire suisse. Le chef d'orchestre n'est autre que la fiduciaire, le banquier de Singapour et le cabinet Mossak Fonseca agissant sous sa baguette. S'ils sont poursuivis, tous ces acteurs soutiendront ignorer l'origine et la destination des fonds.

Dans un tel montage, l'homme d'affaires ne sera en contact qu'avec la fiduciaire suisse et n'aura bien évidemment jamais à se rendre ni au Panama où la société est immatriculée ni à Singapour où le compte sera ouvert. Son ami politique corrompu n'a pas de soucis à se faire. Le point central, c'est la fiduciaire suisse qui se charge à la fois de la fourniture de la société panaméenne et de l'ouverture du compte à Singapour. C'est également la fiduciaire qui ordonnera les virements sur ce compte en agissant sur les directives de l'homme d'affaires. Il suffit que ce dernier lui délivre une procuration générale. Néanmoins, pour chaque opération, la fiduciaire lui demandera des instructions par fax ou par mail. Elle les répercutera auprès du banquier, agissant conformément aux ordres de son client, lequel opérera des virements en faveur d'autres comptes et sollicitera des mises à disposition d'argent en liquide.

Ce système n'est pas propre à la Suisse ou au Luxembourg. Il existe aussi en Amérique et en Asie. Singapour, Hong Kong, Dubaï, les Seychelles, les îles Caïmans et bien d'autres disposent de cabinets de conseils spécialisés dans ce monde de *l'offshore*.

Des paradis fiscaux à géométrie variable

Si chaque paradis fiscal est unique, il faut distinguer deux types de places *offshore*. Celles qui constituent de véritables forteresses, jouissant d'une ingénierie financière et offrant toutes garanties de respectabilité, telles que la Suisse, le Luxembourg, la City à Londres ou Singapour et celles qui ne sont que de simples relais comme les îles Caïmans ou les îles Marshall.

Les premières disposent de cabinets de conseil, de fiduciaires et de banques capables de mettre en place des circuits de fraude sophistiqués et de gérer, fût-ce à distance, en toute sûreté, l'argent qui leur est confié.

Les secondes, bien souvent des îles ou pays dits exotiques, ont un rôle complémentaire, que nous avons brièvement évoqué précédemment : des cabinets basés au Panama, spécialisés dans la constitution de sociétés, fournissent ainsi sur demande aux fiduciaires et banquiers suisses des sociétés de pure façade. Ces derniers les mettent à la disposition de leurs clients, leur permettant ainsi de placer leur argent au nom de ces sociétés-écrans dont ils sont les bénéficiaires, ce dispositif masquant leur identité. Les opérations financières qu'ils réalisent seront ainsi enregistrées dans les banques suisses au nom de sociétés panaméennes et non en leur nom personnel.

Les premières sont légion en Europe, qui compte en son sein de multiples refuges traditionnels et réputés pour leur compétence : la Suisse, le Luxembourg, le Liechtenstein, Gibraltar, Monaco, Andorre, Chypre, Malte… Ils prospèrent pour la plupart à la frontière de grands pays tels que l'Allemagne, la France, l'Italie, l'Espagne ou la Russie. Ces places ont longtemps fait office de soupape et servi d'asile pour des personnes bénéficiant dans leur propre pays de ressources occultes et d'origine inavouable. On y trouve des personnes fortunées, qu'elles soient membres de l'*establishment* ou mafieux notoires, souhaitant mettre en sûreté leur bas de laine autrement que sous forme d'espèces cachées sous un matelas.

L'argent détourné dans ces places *offshore* y est blanchi, en ce sens qu'il va emprunter des circuits empêchant la détection de leur origine. Une fois cette étape réalisée, les fonds sont investis dans des villas sur la Côte d'Azur ou à Gstaat, en Toscane ou à Ibiza, dans des appartements et hôtels particuliers londoniens ou parisiens, des yachts, des jets privés, des objets d'art prisés…

Mais la vieille Europe n'a pas le monopole des paradis fiscaux. Au-delà de ses frontières, d'autres pays spécialisés dans le domaine de l'*offshore* sont florissants. L'Asie dispose de deux places fortes opaques avec Hong Kong et Singapour. Il est vrai que Hong Kong, menacée par la mainmise chinoise, n'offre plus les mêmes garanties de discrétion et de sécurité. Ce n'est évidemment pas le cas de Singapour, qui, forte de son indépendance, revendique un rôle de leader dans la région et tire profit de la perte d'autonomie de Hong Kong. Elle joue désormais un rôle analogue à celui de la Suisse ou du Luxembourg.

Le Moyen-Orient dispose traditionnellement de banques basées au Liban. Le pays du Cèdre a longtemps été une terre d'accueil pour les personnes ayant fait fortune dans la région. Mais là encore, l'actualité récente a considérablement affaibli l'attrait de la place. Aussi Dubaï, qui se montre très accueillante pour l'argent d'où qu'il vienne depuis des années, récupère-t-elle la mise. Elle assure désormais le rôle privilégié de centre *offshore*. Dubaï est un excellent repli pour les investisseurs cherchant à prendre leurs distances avec le Liban, comme Singapour l'est pour ceux devenus craintifs à l'égard de Hong Kong.

Le principe des vases communicants fonctionne à plein régime entre les places *offshore* au gré des évènements politiques qui les affectent de temps à autre, parfois de façon durable. Les bénéficiaires de l'argent de la fraude ne jouent pas la carte de la fidélité : dès lors que leurs intérêts sont menacés, ils déplacent leur fortune.

Enfin, des lieux paradisiaques bien connus pullulent et continuent de parader sous le soleil des Caraïbes, au large des côtes américaines : les îles Caïmans, les Îles Vierges Britanniques (British Virgin Islands, dites BVI), les Bahamas, Panama… La liste est longue. La fortune de richissimes hommes d'affaires américains, mais venant aussi du monde entier, trouve refuge dans les îles Caïmans ou les Bahamas. L'archipel des îles Marshall les accueille quant à lui à bras ouverts dans l'océan Pacifique, à proximité des îles Caroline, si séduisantes avec leurs atolls coralliens.

L'Afrique n'échappe pas au processus d'implantation des places *offshore*. Les dictateurs qui sévissent dans de nombreux pays ne se contentent pas de placer l'argent qu'ils détournent des caisses publiques en toute impunité en Suisse ou à Singapour. Ils disposent, au large des côtes africaines, de l'île Maurice et des Seychelles. Ces îles prisées ne se contentent pas de développer le tourisme de luxe international. Les établissements financiers et officines y prospèrent, recyclent l'argent fraudé et se développent de façon exponentielle.

Le ver est dans le fruit

Nous n'avons évoqué jusqu'ici que les places extérieures au pays d'origine des fraudeurs. Mais ce serait une erreur de restreindre cet inventaire aux forteresses et bastions plus ou moins lointains : des centres *offshore* sont installés à l'intérieur même du territoire de la Grande-Bretagne et des États-Unis. Londres et Washington regardent d'un œil complaisant ces refuges, appréciés des multinationales et des grandes fortunes. Puisque de telles places permettant d'éluder l'impôt existent de par le monde, pourquoi s'en prendre à ceux qui choisissent de ne pas s'exiler ?

Les Britanniques disposent avec la City d'un outil redoutable dans le monde de la finance *offshore*. Installée au cœur de Londres, dans une enclave de 2,9 kilomètres carrés, elle constitue une véritable ruche dans la capitale. Elle représente à elle seule 13 % du PIB du Royaume-Uni. Centre d'affaires, cette place financière bénéficie d'un fort secret bancaire. Ses banquiers ne se contentent pas de se montrer bienveillants avec tous ceux qui veulent leur confier leur fortune. Ils agissent de concert avec des banquiers et cabinets de conseil implantés dans les îles anglo-normandes, proches de nos côtes (Jersey, Guernesey) ou plus éloignées (île de Man). Ils disposent aussi de Gibraltar, rattachée elle aussi à la couronne britannique. Ils partagent une culture et une langue communes.

L'immobilier de luxe à Londres est d'ailleurs particulièrement convoité par les *trusts* et autres sociétés *offshore* créés par la City. Le cycle est court : l'argent sale est blanchi à la City avant d'être investi dans la capitale. Une étude du directeur de l'association anticorruption Transparency International révèle ainsi que 36 342 biens immobiliers à Londres appartiennent à des sociétés enregistrées dans des paradis fiscaux[1]. Ces propriétés se situent dans des quartiers chics de la capitale britannique, tels que Westminster, Kensington ou Chelsea.

Les États-Unis n'ont rien à envier à la Grande-Bretagne. Ils tolèrent, protègent et assurent la prospérité de paradis fiscaux proches de leurs frontières, comme les îles

1. « À Londres, l'argent sale trouve demeure », *Le Monde*, 3 mai 2016.

Caïmans ou les Bahamas. Enfin et surtout, ils disposent, comme Londres, d'un paradis fiscal sur leur propre territoire.

Le Delaware, premier État à avoir ratifié la constitution fédérale des États-Unis, constitue une terre d'accueil à fiscalité privilégiée pour les grandes sociétés américaines. Elle offre même des sociétés-écrans basées aux États-Unis: alors qu'à peine un million d'habitants sont répartis sur une surface de 6452 kilomètres carrés, on y recense plus d'un million de sociétés. La plupart n'y exercent aucune activité. Elles disposent d'une simple domiciliation, une boîte aux lettres, qui leur permet tout simplement d'éluder l'impôt. La fiscalité est faible et attire le siège de nombreuses multinationales. Le Delaware doit cependant subir la concurrence de petits paradis exotiques, souvent en pleine mer, tels que les Bahamas ou les îles Caïmans. Sur le chemin qui mène de Washington à New York, cet État héberge les plus grandes entreprises américaines pratiquant l'optimisation fiscale: de nombreuses sociétés cotées à la bourse de New York y auraient leur siège. Comme tout paradis fiscal digne de ce nom, l'anonymat y est préservé et on y trouve un nombre infini de sociétés-écrans.

Comment peut-on expliquer l'existence encore aujourd'hui de ce paradis fiscal aux États-Unis alors que les Américains se sont lancés ces trente dernières années, au sein des institutions internationales, dans une croisade contre les paradis fiscaux? La question est d'ailleurs la même pour l'Union européenne: ne compte-t-elle pas dans ses rangs un paradis fiscal qui est aussi l'un des États fondateurs de l'Union, le Luxembourg ?

La réponse est dans la question. Les paradis fiscaux sont parfaitement intégrés dans leur environnement. Le Delaware et la City prospèrent au cœur même des États-Unis et de la Grande-Bretagne. Le Luxembourg, Chypre, Malte sont membres de l'Union européenne. Celle-ci a conclu des accords avec la Suisse. Les États des Caraïbes devenus des paradis fiscaux sont dans la sphère des États-Unis. Singapour et Hong Kong jouent un rôle financier de premier plan dans le commerce de l'Asie avec l'Europe et les États-Unis. Des dictateurs africains n'hésitent pas à placer l'argent détourné aux Seychelles ou à l'île Maurice. Si Dubaï accueille l'argent venant du monde entier, elle est particulièrement prisée des pays du Moyen-Orient. C'est précisément la raison pour laquelle la volonté politique de les éradiquer fait cruellement défaut. Ces multiples paradis fiscaux, qui pullulent à travers le monde, jouent même un rôle de premier plan avec la mondialisation, dont ils s'accommodent fort bien, au point de se rendre indispensables. Ils permettent en effet le recyclage dans l'économie de sommes colossales. Ils peuvent aussi compter sur les grands groupes et les grandes fortunes qui pratiquent l'optimisation ou la fraude fiscale : ceux-ci misent en effet sur les places *offshore* et savent qu'ils peuvent compter sur leur disponibilité.

Le simple fait que les États-Unis tolèrent les agissements du Delaware et que les Britanniques assurent la prospérité de la City explique les réticences des États à prendre de véritables sanctions vis-à-vis des paradis fiscaux. Comment s'étonner, dans une telle configuration, que rien ne soit entrepris sur le plan international, en dépit d'annonces médiatisées, à l'encontre des nouveaux eldorados que constituent aujourd'hui les îles Caïmans, Singapour ou Dubaï ?

Un effet d'annonce

Chacun a en mémoire la réunion du G20 à l'issue de laquelle le président de la République française, Nicolas Sarkozy, annonçait la fin des paradis fiscaux. Le pensait-il vraiment ? Personnellement, je n'y ai pas cru et, malheureusement, l'expérience montre que depuis ce G20, les difficultés que j'ai rencontrées dans des enquêtes financières de dimension internationale n'ont pas été levées, bien au contraire. La fraude fiscale internationale ne s'est jamais aussi bien portée. Les circuits de blanchiment drainent de plus en plus d'argent. Ils assèchent les États.

Pourtant la problématique des paradis fiscaux est régulièrement débattue et dénoncée dans des instances internationales, des conférences et autres colloques sur le blanchiment. Ces dernières années, sous l'impulsion de l'Organisation de coopération et de développement économiques (OCDE), de multiples conventions ont été signées entre États pour améliorer les échanges d'information, y compris en matière fiscale. Tout ce brouhaha ne fait que traduire leur incapacité à résoudre le problème.

Londres, prompte à dénoncer le rôle néfaste des centres *offshore* lointains ou de la Suisse, persiste à protéger la City, devenue la plus grande place financière du monde grâce à sa réputation, la compétence de ses banquiers et *traders*, mais aussi en raison de l'opacité qui y règne. La City bénéficie de l'appui du Parlement et du Premier ministre qui n'a pas faibli, bien au contraire, avec le Brexit. Depuis qu'elle est sortie de l'Union européenne, Londres souhaite même aujourd'hui éviter la fuite des banques vers Paris ou Francfort, places implantées dans la zone euro. Raison de plus pour protéger sa place forte…

La City, qui s'est développée dès les années 1960, a même transféré certaines de ses activités dans ces autres places lointaines, régulièrement montrées du doigt, pour mettre en place une évasion fiscale à grande échelle toujours avec la bénédiction du pouvoir politique. C'est en quelque sorte une forme de délocalisation, les îles ayant une place accessoire, même si elles accueillent l'argent de grandes fortunes, à celui de la City. Bien évidemment, la City joue un rôle pilote, conserve la main sur des opérations pour le moins douteuses et délivre fréquemment des instructions aux banques installées dans les Caraïbes agissant bien souvent sous son contrôle.

Figurent au premier rang de ces paradis lointains les îles Caïmans. Panama dispose également d'une législation parfaitement adaptée, équivalente à celle des îles Caïmans, permettant la fraude fiscale. Panama et les îles Caïmans tirent des revenus substantiels de ces activités *offshore*. On retrouve là encore un binôme classique entre de grandes places financières (Londres ou New York) et un petit État qui sert de relais et de refuge.

L'étroitesse de ces liens explique la difficulté qu'ont les grands États – qui y trouvent leur compte – à éradiquer ces paradis fiscaux. Non seulement ils les ont tolérés pendant des décennies, mais en outre ils les ont véritablement créés et en assurent depuis la prospérité avec le concours actif de leurs propres banquiers.

CHAPITRE 4
La fraude fiscale devient intolérable

Tout pour échapper à l'impôt

Comme leur nom l'indique, les paradis fiscaux doivent en premier lieu leur prospérité à ceux qui souhaitent frauder l'impôt dans des proportions importantes. Sont évidemment concernées au premier chef les grandes fortunes. La fraude consiste à recevoir dans un paradis fiscal des revenus occultes, non déclarés à l'administration du pays où ces revenus ont été générés. Ce serait le cas, par exemple, d'un chanteur connu qui percevrait sur un compte ouvert en Suisse ou au Luxembourg, à l'insu bien sûr du Trésor public de son pays, des sommes perçues lors de ses tournées à l'étranger.

En bénéficient également des dirigeants d'entreprise. C'est ce que montre le dossier évoqué précédemment où je m'étais aperçu que le dirigeant d'une PME avait mis en place un circuit de double facturation passant par la

Suisse, en ayant recours à une société panaméenne, lors de l'achat de matières premières en Asie. Grâce à ce subterfuge, son dirigeant prélevait à des fins personnelles un pourcentage sur chaque opération. Il commettait ainsi des détournements de fonds, constitutifs du délit pénal d'abus de biens sociaux, au détriment de son entreprise. Dans le même temps, il réalisait aussi une fraude fiscale puisque la part qu'il prélevait en Suisse via la société panaméenne correspondait à des revenus qu'il ne déclarait pas auprès de Bercy.

Les bénéficiaires de ce type de fraude fiscale (et d'appropriation de fonds de la société par ses dirigeants) sont parfaitement insérés dans la société. Ils cherchent tout simplement à s'enrichir indûment et à se soustraire à l'impôt, en ayant recours à des montages faisant intervenir des sociétés-écrans gérées en Suisse ou tout autre paradis fiscal. Pour échapper aux impôts, ils utilisent les outils usuels que nous avons évoqués au chapitre précédent, mis à leur disposition dans la plupart des paradis fiscaux : des conseillers avertis – leurs confidents –, des sociétés de façade – leurs paravents – et des banquiers discrets.

En l'occurrence, le dirigeant auquel je m'étais intéressé n'avait eu qu'à se rendre en Suisse auprès d'une fiduciaire qui s'était occupée du montage. Pour lui permettre de s'approprier des commissions fictives, ce conseiller suisse lui avait procuré une société panaméenne et ouvert un compte en Suisse au nom de cette structure fictive. Cependant, le PDG ne pouvait ordonner des virements au débit de ce compte helvétique en faveur de ses comptes personnels parisiens, car ils auraient éveillé les soupçons de Bercy. Il aurait été trop aisé de remonter à la source et d'identifier l'origine frauduleuse des fonds.

Pour pallier cet inconvénient et accéder à cette manne, le dirigeant pouvait effectuer à sa guise des retraits en espèces au guichet de la banque sur le compte de cette société exotique sur lequel il disposait d'une procuration.

Ce système a cependant ses limites, car il suppose la plupart du temps de passer par des espèces. Or, ces remises d'espèces ne permettent pas à leur bénéficiaire de se constituer un patrimoine.

Quand l'immobilier se bâtit sur les prêts adossés

J'ai pu constater à plusieurs reprises que des techniques plus élaborées avaient été imaginées par des fiduciaires et des banquiers suisses ou luxembourgeois. Je pense notamment aux « prêts adossés » qui permettent au détenteur d'un compte bien garni au Luxembourg d'acquérir des biens immobiliers.

Supposons que notre chef d'entreprise dispose de dix millions d'euros sur le compte suisse de sa société panaméenne et qu'il veuille procéder à l'acquisition, en son nom personnel, d'une villa sur la Côte d'Azur valant cinq millions d'euros. Pour qu'il puisse effectuer l'opération, la banque luxembourgeoise va lui accorder un prêt de cinq millions qu'il s'engagera à rembourser avec des intérêts au taux en vigueur afin de ne pas éveiller l'attention.

En réalité, ce prêt est « adossé ». Puisque le client dispose, au nom de sa société panaméenne, de dix millions d'euros sur son compte, son banquier lui octroie le prêt de cinq millions à la condition que le remboursement soit garanti par les dix millions de la société panaméenne. Bien entendu, le contrat de « nantissement » (l'affectation des dix millions à la garantie du remboursement du prêt personnel de 5 millions) reste confidentiel et n'est connu que de la banque et de son client.

Le banquier ne prend aucun risque, car il dispose sur le compte ouvert dans son établissement de liquidités représentant le double du montant du prêt. Par la suite, lorsque les échéances tomberont, la banque libérera au fur et à mesure les avoirs du compte affectés au prêt ; le client pourra même venir retirer progressivement le solde en espèces, en prenant la précaution d'étaler les opérations sur plusieurs années, ce qui lui permettra de faire face à ses dépenses personnelles tout en continuant, avec ses revenus officiels, à rembourser le prêt.

Face à un tel montage – au demeurant assez classique –, Bercy se trouve désarmé. Les apparences sont trompeuses, car le fraudeur justifiera auprès de l'administration des remboursements effectués sur ses seuls revenus déclarés. Si Bercy lui demande pourquoi il s'est adressé à une banque suisse, il répondra que s'adresser à une banque étrangère pour obtenir un prêt est légal. Il soutiendra, ce qui peut être effectivement le cas compte tenu de la garantie dont bénéficiait la banque, que le taux offert par celle-ci était plus avantageux que celui des prêts proposés par des banques françaises. Ces montages passant inaperçus la plupart du temps, ils se sont développés.

Je ne suis parvenu à mettre à jour ce type de supercherie qu'en m'intéressant au patrimoine des personnes sur lesquelles j'enquêtais pour des détournements de fonds ou des fraudes fiscales. Comment leur appartement parisien ou leur villa avait-il été financé ? Lorsqu'il apparaissait qu'un prêt suisse ou luxembourgeois avait été souscrit, j'adressais une demande de coopération aux magistrats de Genève ou du Luxembourg, avec lesquels j'ai toujours entretenu d'étroites relations, afin d'obtenir l'ensemble de la documentation détenue par la banque prêteuse. Lors de la perquisition à la banque, ils mettaient la main sur le contrat par lequel l'emprunteur avait donné en garantie les avoirs du compte suisse ou luxembourgeois.

Il me fallait ensuite rechercher l'origine des fonds ayant alimenté ce compte. Ce travail exige des moyens d'investigation importants. La plupart de ces opérations ne font l'objet d'aucune enquête, qu'elle soit menée par Bercy ou la justice. Réaliser une enquête aussi approfondie suppose que Bercy ou la justice dispose, préalablement, de renseignements suffisamment précis pour la déclencher. Ils émanent généralement de proches ou de salariés, qui pourront ne pas apparaître lors du procès.

Ainsi ces découvertes inopinées sont-elles qualifiées d'« accidents » fiscaux ou judiciaires, provoqués la plupart du temps par des dénonciations, qu'elles soient anonymes ou pas. Celles-ci sont rares, la règle d'or des quelques personnes dans la confidence étant la loi du silence. De plus, les partenaires suisses sont tenus par le secret bancaire auquel la Suisse comme le Luxembourg sont viscéralement attachés. Cependant, nul n'est à l'abri d'une dénonciation pouvant émaner d'une épouse délaissée ou en instance de divorce, qui accompagnait son mari lors de ses déplacements pour des retraits en liquide ou qui, tout simplement, connaît l'existence du compte et des millions cachés sur un compte suisse dont elle revendique le partage. Elle agit par vengeance ou par intérêt.

L'inventaire des villas et appartements luxueux et la libre disposition

Des grandes fortunes jouent sur les frontières pour s'exonérer de l'impôt. Elles sont solidement ancrées dans les paradis fiscaux, à l'abri des regards indiscrets. Si les avoirs les plus importants sont dissimulés dans des banques complaisantes, leurs bénéficiaires possèdent généralement un patrimoine ostentatoire, constitué de biens immobiliers, mais aussi de yachts, de jets privés.

Si dans notre exemple, la villa est au nom du chef d'entreprise indélicat, ce n'est pas toujours le cas. L'étude des dossiers qui m'ont été confiés m'a confirmé que de nombreux fraudeurs disposent de propriétés sans jamais apparaître, tout simplement parce qu'elles ne sont pas à leur nom. On y trouve des SCI (sociétés civiles immobilières) dont les parts ne leur appartiennent pas : elles sont détenues par des sociétés luxembourgeoises, des fondations du Liechtenstein, des sociétés des îles Caïman ou des Îles Vierges Britanniques, des *trusts* anglo-saxons... Comment les démasquer ?

En me promenant dans les beaux quartiers parisiens ou sur la Côte d'Azur, je me suis parfois demandé à qui étaient ces appartements et luxueuses villas. Que ferais-je si je dirigeais les services fiscaux ? Je commencerais par m'intéresser aux biens qui ne sont pas au nom d'une personne physique et à les inventorier. Je lancerais ensuite des contrôles systématiques sur les biens au nom de sociétés *offshore* ou de *trusts* pour identifier leurs véritables bénéficiaires. En l'absence de réponse, je prescrirais des investigations afin de connaître l'identité de la ou des personnes qui y séjournent régulièrement. J'agirais de même pour les villas luxueuses de Mougins ou du Cap Ferrat. Elles ont des gardiens et des jardiniers. Qui les paie ? Qui les recrute et leur donne des instructions ? À qui en réfèrent-ils en cas de problème ? Qui vient y passer ses vacances ?

C'est à partir de ce type de questionnement que s'est développé dans le domaine des saisies immobilières un nouveau concept : celui de la « libre disposition ». Grâce à ce concept, le juge a le moyen de contourner les obstacles des sociétés-écrans ou des hommes de paille pour effectuer une saisie. Il lui revient d'établir que c'est bien la personne visée par l'enquête qui a la libre disposition du bien. Les apparences cèdent devant les faits.

Mais ces biens n'appartiennent pas qu'à des évadés fiscaux. Certes, les paradis fiscaux permettent, de fort longue date, à des personnes fortunées de soustraire leur patrimoine et leurs ressources à l'impôt. Mais à cette fonction traditionnelle, s'est greffée, au fil des ans, une activité relevant du droit pénal : le recyclage de l'argent sale. Qu'il s'agisse de celui des mafias, des trafiquants de drogue, des réseaux de proxénètes, du blanchiment de l'argent de la grande criminalité organisée, ou même de l'argent de la corruption internationale générée par la conclusion de grands contrats ou encore du pillage dans les caisses d'États non démocratiques. Nous y reviendrons.

Au nom de l'évasion fiscale, les multinationales se soustraient à l'impôt

Notre exemple du client d'une banque suisse ayant recours à un prêt fictif pour s'offrir une belle villa relève d'une fraude fiscale délibérée. On distingue habituellement la fraude fiscale, illégale et punie de peines de prison, tel que l'illustre ce cas de figure, de la simple évasion fiscale ou optimisation fiscale qui serait, selon ses promoteurs, non seulement tolérée, mais surtout parfaitement légale. Cette *summa divisio* se fonde sur l'apparence de légalité qui caractérise l'évasion alors que le fraudeur agit dans l'illégalité. Pourtant, si la différence se comprend aisément sous l'angle théorique, la réalité est plus complexe qu'il n'y paraît.

L'évasion fiscale consiste à utiliser tous les moyens légaux – à la différence de la fraude – laissés à la disposition d'une entreprise ou d'un particulier pour éluder l'impôt. On peut d'ailleurs relever que dans l'exemple précité, notre fraudeur n'a recours, du moins en apparence, qu'à des moyens légaux : il n'est pas interdit d'emprunter de l'argent en Suisse et d'adosser le prêt sur des avoirs déposés en Suisse. Ce qui est par contre illégal, c'est de disposer sur le compte suisse d'argent détourné de l'entreprise que dirige le fraudeur. De plus, ce dernier ne porte pas seulement atteinte à l'intérêt général en percevant des revenus non déclarés, mais il prive aussi de ressources l'entreprise et donc ses salariés et, le cas échéant, ses actionnaires. Il trahit leur confiance.

Tel n'est pas le cas de l'évasion fiscale réalisée par les entreprises multinationales qui agissent *dans leur propre intérêt*. Leurs dirigeants, contrairement à notre PDG d'une PME détenant un compte suisse, n'agissent pas au détriment de l'entreprise, mais bien au contraire afin de permettre à celle-ci de conserver le maximum de ressources en diminuant drastiquement la part due au titre de l'impôt. Pour y parvenir, ces chefs d'entreprises ont recours à des techniques sophistiquées en jouant sur les différences importantes de taux d'imposition entre les différents pays. Ils ont l'embarras du choix puisque leurs activités, par définition, s'exercent dans le monde entier.

Des avocats fiscalistes leur conseillent des montages d'apparence parfaitement légale consistant à transférer les bénéfices de leurs filiales actives dans des pays à forte fiscalité (celles-ci étant bien réelles, employant des dizaines de milliers de salariés) vers des sociétés fictives (sans aucun salarié) domiciliées arbitrairement dans des pays à très faible fiscalité. L'impôt sera acquitté fictivement dans ce pays choisi fort opportunément et qui n'est bien évidemment pas celui où elles exercent leur activité.

L'évasion fiscale est synonyme d'optimisation fiscale, terme qui ne suscite aucun opprobre. Optimiser est d'ailleurs un terme positif dans l'imaginaire collectif. Il évoque l'amélioration d'un système. Pourquoi se priver d'un tel avantage donnant la possibilité de réaliser des milliards de bénéfices sans enfreindre les lois ?

Pour que l'opération soit réussie, il est préférable de choisir, parmi les paradis fiscaux, une place financière « présentable ». Un pays à la réputation solide attire davantage qu'une île exotique connue pour des pratiques contestables. Ainsi, dans ce cas de figure, Singapour séduira plus que les îles Caïmans, mais l'Europe n'est pas en reste. L'Irlande, le Luxembourg ou les Pays-Bas accueillent nombre de sociétés mères destinataires de bénéfices réalisés par ces multinationales ailleurs dans l'Union européenne. Elles s'estiment d'autant plus protégées que ces pays font partie de l'Union. Au sein même de l'Europe, la fiscalité varie en effet ostensiblement et dans des proportions importantes d'un pays à l'autre. De simples jeux d'écriture permettent de « localiser » artificiellement les bénéfices dans les pays européens à faible taxation. D'autres entreprises choisissent l'île de Man ou Jersey. Le recours à des sociétés-écrans créées hors d'Europe ne leur est d'ailleurs pas interdit. Ainsi la City est-elle réputée pour opérer, pour le compte de ses sociétés clientes, des transferts vers des sociétés domiciliées aux îles Caïmans.

Du fait de ces agissements, les pays où ces multinationales, comme les GAFA (Google, Apple, Facebook, Amazon), exercent leur activité et où elles emploient de nombreux salariés – en France et en Allemagne par exemple – se trouvent gravement lésés. Ils sont privés de toute recette fiscale alors même que ces activités génèrent d'importants bénéfices, à savoir des milliards d'euros, sur leur propre territoire. Cette situation crée une distorsion avec les sociétés, généralement des petites et moyennes entreprises, qui, elles, sont lourdement taxées dans ces mêmes pays. Il s'ensuit une concurrence déloyale que ces dernières dénoncent régulièrement et légitimement. Le libéralisme ne vise-t-il pas à permettre aux entreprises les plus performantes de se développer en assurant une parfaite égalité dans la compétition à laquelle elles participent ?

L'évasion n'est-elle pas de la fraude fiscale ?

La frontière est parfois si ténue entre fraude et évasion fiscale qu'il est difficile de les distinguer. Dans les deux cas de figure en effet, les montages sont particulièrement sophistiqués et poursuivent le même objectif : ne pas contribuer à l'effort collectivement consenti qu'est l'impôt. C'est le dénominateur commun entre évasion et fraude fiscale.

Le seul fait de créer un montage complexe et artificiel pour transférer les bénéfices du pays où s'exerce l'activité d'une entreprise multinationale vers un pays faiblement taxé ne fait-il pas passer l'opération du domaine de l'évasion à celui de la fraude ? De tels transferts ne peuvent être réalisés que si des factures internes au groupe leur servent de support. Dans la mesure où ces factures ne correspondent à aucune activité économique, ne peuvent-elles être considérées comme fictives et donc fausses ? Un simple jeu d'écritures peut-il justifier de tels transferts et entraîner de telles conséquences préjudiciables à la collectivité ?

Il en va de même du comportement des milliardaires, car l'évasion fiscale n'est pas la chasse gardée des multinationales. Prenons l'exemple des jets privés et des yachts de luxe. L'île de Man, perdue dans la mer d'Irlande, s'est spécialisée dans la vente de jets privés, comme l'a révélé un consortium de journalistes ayant eu accès à des documents d'un cabinet spécialisé dans les montages *offshore*[1].

Ainsi l'oligarque Oleg Tinkoff a-t-il pu s'offrir successivement un Falcon 2000 XL (28 millions de dollars) en 2013, avant de le revendre en 2014, puis un 900 LX (38 millions de dollars) et enfin, en 2016, un 7X (48 millions de dollars). Ces appareils produits par Dassault ont été livrés au Bourget. Aucune TVA ne fut cependant payée, chacun des achats ayant été effectué par des sociétés-écrans enregistrées dans l'île de Man. Grâce à ce stratagème, les avions, appartenaient à ces sociétés qui les louaient à l'heure à Oleg Tinkoff.

1. « "Paradise Papers" : Apple, Nike, Whirlpool… Leurs trucs et astuces pour échapper à l'impôt », *Le Monde*, 7 novembre 2017.

En achetant ces trois avions, M. Tinkoff a ainsi fraudé la TVA à hauteur de 18,5 millions d'euros. Car il s'agit bien d'une fraude, puisqu'un montage fictif a été mis au point dans le seul but de se soustraire à l'impôt dû. La prolifération de jets privés, qui constituent une source de pollution aujourd'hui dénoncée, est aussi devenue synonyme de fraude fiscale.

D'évidence, il en est de même pour l'achat de yachts. Malte, membre de l'Union européenne depuis 2004, s'est spécialisée dans cette nouvelle forme « d'optimisation fiscale ». Le « *leasing* maltais » consiste à créer une société à Malte qui acquiert le yacht. Puis elle conclut un contrat de *leasing* avec le véritable acquéreur dudit yacht. À l'issue de la période de location, celui-ci en devient propriétaire. Par ce subterfuge, le taux de TVA est réduit à 5,4 % sur les loyers au lieu de 18 % sur le prix d'achat[1].

Lorsqu'une personne fortunée acquiert un yacht en créant une société de *leasing* fictive à Malte ou un jet en ayant recours à des sociétés fictives sur l'île de Man, et ce dans le seul but de ne pas verser la TVA due en France, peut-on encore parler d'évasion fiscale ? Comment légitimer la TVA à 20 %, payée par un particulier achetant un véhicule d'une valeur de 20 000 euros ou 30 000 euros, alors que celui qui achète un yacht valant 10 millions d'euros, fort des conseils d'éminents fiscalistes, se soustrait à la TVA normalement due grâce à un montage savant ? Que dire de celui qui acquiert un jet privé valant

1. « Paradise Papers : comment Malte est devenue une place forte de l'optimisation fiscale », *Le Monde*, 8 novembre 2017.

50 millions d'euros ? N'est-ce pas une entorse flagrante au principe d'égalité devant l'impôt ?

Faut-il rappeler, à titre de comparaison, qu'un contribuable qui déclare ses revenus en France commet le délit de fraude fiscale dès lors qu'il *omet* de déclarer une partie de ses revenus ? Est-il légitime que l'on qualifie cette simple omission de fraude alors que celui qui achète un yacht valant des millions d'euros et qui a recours à des sociétés fictives créées pour la circonstance dans un paradis fiscal ne se verrait pas imputer une fraude (illégale), mais une simple évasion parfaitement légale ? Seul serait ainsi considéré comme fraudeur celui qui omet de déclarer ses revenus. C'est pourtant la doctrine classique qui a prévalu jusqu'à nos jours.

Deux géants américains sanctionnés

Ce décalage flagrant et ce déséquilibre incohérent doivent conduire désormais à la remise en cause de ce fragile édifice, qu'il s'agisse des acquéreurs de jets et de yachts ou des grands groupes. Des avancées ont été réalisées visant les multinationales.

L'évolution récente de la perception de l'anachronisme que constitue la légalité de l'évasion fiscale par la justice et l'administration fiscale est à cet égard significative. Jusqu'à une période récente, l'évasion fiscale était tolérée. Désormais, Bercy comme la justice n'hésitent plus à qualifier de fraudeurs des multinationales qui prétendent réaliser de l'optimisation fiscale. Deux grands groupes américains ont ainsi eu à répondre de leurs montages fiscaux.

Google a dû s'incliner le premier. Google France et Google Irlande ont dû verser en 2019 une amende de 498 millions d'euros pour mettre fin aux poursuites pénales engagées par la justice en 2015[1]. En outre, Google s'est également engagé à verser 465 millions d'euros d'impôts au titre de redressements fiscaux[2].

La réaction du géant américain en dit long sur l'hypocrisie du système : « Nous restons persuadés qu'une réforme coordonnée du système fiscal international est la meilleure façon d'offrir un cadre clair aux entreprises opérant dans le monde entier », peut-on lire dans leur communiqué de presse suite à cette affaire.

Pourtant, qui empêchait Google de payer les impôts dus en France ? Rien ni personne. L'entreprise a cherché à bénéficier du système international et de ses failles pour payer moins d'impôts, et rejette aujourd'hui la responsabilité sur le « système ». Peut-elle sérieusement prétendre qu'elle installait sans arrière-pensée fiscale son siège européen dans l'un des pays de l'Union européenne où le taux d'imposition est le plus faible (12,5 %) ? C'est bien évidemment un choix délibéré, calculé et intéressé, effectué dans l'unique but de se soustraire à l'impôt dû dans les pays où elle gagne de l'argent. La démarche de Google est

1. « La France attaque Google pour fraude fiscale aggravée », *Capital*, 24 mai 2016.

2. « Fraude fiscale : Google va verser près d'un milliard d'euros pour clore les poursuites en France », *Le Monde*, 12 septembre 2019.

active et non passive. L'entreprise est pleinement responsable de ses actes.

Ce type de réaction me rappelle la réflexion d'un fraudeur à la taxe carbone (vaste escroquerie à la TVA qui a rapporté à ses auteurs des dizaines de millions d'euros). Il ne se sentait pas responsable de la fraude et se défaussait sur le « système » de répartition de quotas mis en place pour lutter contre la pollution suite au Protocole de Kyoto. « Ce n'est pas de ma faute, répétait-il en substance, c'était si facile de frauder la TVA, il n'existait pas de contrôle sérieux des autorités étatiques sur ce marché ». Le défaut de surveillance justifierait-il la fraude ? Les failles du système libéral à l'échelle internationale justifient-elles que les plus grandes entreprises se soustraient – délibérément – à l'impôt ?

La transaction conclue en juin 2022 entre McDonald's et la justice assimile une nouvelle fois des pratiques relevant apparemment de l'optimisation fiscale à de la fraude fiscale. Le géant de la restauration rapide a en effet accepté de verser 508 millions d'euros, en contrepartie de l'arrêt des poursuites pénales engagées par la justice à son encontre, amende qui s'ajoute à la somme de 737 millions d'euros déjà versée à Bercy, ce qui représente un montant total de 1,25 milliard d'euros[1]. Les poursuites étaient engagées par le procureur financier parisien pour blanchiment de fraude fiscale. Il était reproché à la filiale française du groupe américain d'avoir versé des redevances

1. « Fraude fiscale : les dessous de l'amende record de McDonald's », *Les Échos*, 16 juin 2022.

à des sociétés à l'étranger et ainsi allégé d'autant les impôts dus en France. N'est-ce pas très exactement la définition même de l'évasion fiscale, longtemps tolérée et présentant toutes les apparences de la légalité ?

Comment la justice et Bercy ont-ils pu qualifier de fraude fiscale ce qui s'apparentait à de l'évasion ? En constatant tout simplement qu'en 2009, le groupe avait doublé le montant des redevances prélevées, le taux passant de 5 % à 10 % du chiffre d'affaires des *fast food*. Une société basée au Luxembourg bénéficiait fort opportunément de cette manne. Ce pourcentage permettait à cette structure de s'approprier les bénéfices des sociétés actives. Le juge ayant validé la transaction a observé que « les investigations conduisaient à remettre en cause la substance économique de la société luxembourgeoise ». Cette décision qui devrait faire jurisprudence signifie que la fiction doit désormais s'effacer devant la réalité. C'est un pas immense qui a été franchi. Il ouvre la voie à d'autres réactions visant des multinationales qui ne paient pas ou très peu d'impôts.

Il a fallu pour arriver à un tel résultat analyser de près les mécanismes en place et démontrer que le taux de la redevance était devenu anormal. Comme le concède un spécialiste de Bercy aux *Échos*, « apprécier les prix de transfert n'est jamais évident, il n'y a pas une vérité objective [...] Cela implique de décortiquer beaucoup d'opérations, de flux...[1] » C'est effectivement un travail considérable, à la

1. « Fraude fiscale : les dessous de l'amende record de McDonald's », *Les Echos*, 16 juin 2022.

hauteur de la complexité des opérations mises en place pour éluder l'impôt.

Sous couvert de légalité, les grands groupes sont prêts à dépenser des sommes non négligeables pour créer des structures qui n'ont aucune existence réelle à la seule fin de ne payer des impôts que pour un montant dérisoire. Ces montages complexes sont autant de manœuvres, délibérément adoptées et destinées à tromper le fisc. Ces stratagèmes sont le fruit d'une mise en scène.

Payer au sein d'un même groupe des redevances à une société basée à l'étranger n'a certes rien d'illégal en soi. Mais lorsque ces redevances sont fixées arbitrairement dans le seul but de réduire les bénéfices imposables dus dans le pays où le groupe exerce effectivement son activité en transférant des avoirs importants dans un paradis fiscal, cela constitue, à l'évidence, un abus de droit. Cette notion existe dans des pans entiers du droit. L'appliquer pour l'évasion fiscale réalisée dans de telles conditions n'a rien d'incongru. Il appartient en effet au procureur (et au juge qui valide les transactions) de faire preuve de créativité, d'innover et de sanctionner les abus manifestes.

Ainsi la transaction conclue avec le géant McDonald's constitue-t-elle une décision fondamentale. Désormais, aucune multinationale n'est à l'abri de redressements fiscaux et de poursuites pénales dès lors qu'elle se livre à de l'optimisation fiscale.

Jusqu'à présent, ces sociétés estimaient qu'elles agissaient en toute légalité, et donc en toute légitimité, avec la caution de conseillers juridiques et fiscaux spécialisés.

Elles risquent aujourd'hui de devoir rendre des comptes sur des pratiques dès l'origine très contestables.

Ce précédent est d'autant plus important que l'évasion et la fraude fiscales portent sur des milliards d'euros soustraits au Trésor public et qui font cruellement défaut à une époque où l'endettement des États augmente exponentiellement et où les déficits se creusent. Il faut y ajouter la fraude sociale, les revenus occultes perçus dans une place *offshore* ne supportant aucune charge sociale. Cette question est cruciale, car ce sont autant de ressources qui ne vont pas financer l'Assurance maladie ou le chômage, ou les hôpitaux par exemple, dont les besoins financiers augmentent pour faire face à une demande en pleine explosion…

Un troisième géant américain épargné

Tout n'est cependant pas acquis. Le dossier Uber est là pour nous le rappeler[1]. Ce groupe n'a payé que 7 millions d'impôts pour son activité de « taxi » en France pour l'année 2021, en ne déclarant qu'un chiffre d'affaires de 57 millions d'euros. Ce chiffre d'affaires est en effet limité à l'activité commerciale, appelée « marketing, assistance et support ». L'essentiel du chiffre d'affaires est réalisé par une société du groupe basée aux Pays-Bas, où l'impôt est bien plus faible qu'en France. On remarquera que cette société

1. « Uber a encore payé un impôt ridicule en France », *Capital,* 16 août 2022.

est devenue le partenaire contractuel des chauffeurs Uber roulant en France fort opportunément. L'essentiel du chiffre d'affaires est donc réalisé aux Pays-Bas.

Il n'est pas anodin de relever que la société des Pays-Bas a racheté les brevets d'Uber à une autre société du groupe basée aux Bermudes, paradis fiscal notoire. Or, les brevets génèrent des redevances payées par les filiales du groupe dans le cadre de contrats signés avec les filiales de la multinationale. Apparaît également dans ce savant montage une société Uber installée à Singapour. Quant à la société mère américaine, elle a son siège au Delaware. La boucle est bouclée.

L'entreprise a cependant subi une perquisition de Bercy en 2015 dans le cadre d'une opération conjointe menée avec l'Allemagne, la Grande-Bretagne, la Belgique et la Suède. L'opération française aurait été annulée depuis pour des raisons procédurales. Et le contrôle fiscal n'aurait abouti qu'à un redressement de 1,3 million d'euros pour les années 2012 à 2017.

Ainsi, alors que les enjeux sont considérables, les réponses sont inadaptées. Les multinationales savent comment échapper aux mailles du filet. Elles s'arrangent pour ne payer que des impôts dérisoires alors qu'elles s'enrichissent dans des proportions immenses. L'obstacle principal – sans être le seul – réside dans le manque de coopération, ou dans une coopération tout à fait aléatoire, entre les pays.

Toute la question consiste à s'interroger sur la carence des États face à cette injustice flagrante : pourquoi sont-ils tolérants ? Au vu de leurs besoins croissants, qu'attendent-ils pour se concerter ? Ces pratiques existent depuis longtemps, elles sont enracinées dans notre monde occidental. Ce phénomène s'est amplifié avec l'arrivée des GAFA. Certes, ces grands groupes ont une activité réelle et font vivre nos économies qui pourraient difficilement se passer d'une telle manne. Pour autant, est-ce une raison pour tolérer qu'ils ne paient pas – ou très peu – d'impôts ?

Les États doivent et peuvent désormais intervenir

Une forte sensibilisation est heureusement intervenue face à l'augmentation exponentielle des impôts éludés. Des voix s'élèvent pour dénoncer de tels agissements. Pourquoi les petites et moyennes entreprises sont-elles lourdement taxées alors que les multinationales, bénéficiant de l'extraterritorialité, échappent à l'impôt ?

La prise de conscience est réelle. Les temps changent. Ce qui était toléré hier ne l'est plus aujourd'hui. La réalité doit l'emporter sur la fiction. Il appartient aux États de reprendre la main.

Les États sont longtemps restés passifs face à l'injustice, pourtant flagrante, créée par la faible fiscalité appliquée aux multinationales. Ils considéraient que lutter contre l'évasion fiscale, en apparence légale, était impossible.

Y mettre fin n'est certes pas simple. Il ne faut pas perdre de vue que ce sont des cabinets spécialisés qui mettent au point les contrats intragroupes destinés à justifier les transferts de fonds vers des sociétés basées dans des paradis fiscaux et que, par voie de conséquence, les schémas ont été élaborés afin d'éviter tout redressement.

Mais une brèche existe désormais avec les affaires Google et McDonald's même si d'autres échappent encore aux redressements fiscaux. Des portes se sont ouvertes et il est souhaitable que Bercy, en accord avec le parquet national financier, s'inspire de l'évolution jurisprudentielle créée par le traitement fiscal et judiciaire de ces deux dossiers. Bercy doit s'intéresser de près et de façon systématique aux multinationales et aux contrats internes qu'elles concluent, artificiellement, dans le seul but de soustraire des sommes importantes à l'impôt. Quant à la justice elle doit aborder ces investigations sous l'angle de la fraude fiscale, parfois si voisine de l'évasion qu'elle se confond avec elle, et du blanchiment.

La taxation des grands groupes nécessite des investigations complexes, car ils élaborent des schémas de fraudes de plus en plus sophistiqués. Elles sont par définition longues et requièrent des services hautement spécialisés. Désormais, il appartient à Bercy d'accorder la priorité à la poursuite de ce type de fraude, d'adapter son dispositif de lutte et de redressement en réorientant ses effectifs dans cette direction. Le jeu en vaut la chandelle. Les sommes devant être récupérées sont considérables, comme en témoigne le montant accepté par McDonald's dans le cadre de la transaction.

Bien sûr, des parades peuvent être mises en place par les multinationales. Tout n'est en effet qu'une question d'habillage. On peut faire confiance à leurs conseillers fiscaux pour trouver des solutions en s'adaptant à la nouvelle donne. Cependant, rien ne leur est acquis désormais : tout peut être remis en question. Les États lésés, soutenus par l'opinion publique, prennent conscience de l'ampleur de la fraude. Les médias dénoncent régulièrement une situation devenue intolérable. Or, les États disposent d'un atout non négligeable : les grandes entreprises jouent leur réputation. Leur image peut se trouver sérieusement écornée du fait même de l'existence de poursuites. Elles prennent des risques en persévérant.

Certes, elles les pèsent au regard des sommes qu'elles se permettent de soustraire à l'administration fiscale. Mais le fait est là : la tolérance des citoyens envers la fraude ou l'évasion fiscale, longtemps considérées, en France notamment, comme un sport national, s'est singulièrement effritée de nos jours. Chacun a conscience aujourd'hui de la nécessité de financer les services publics tels que l'hôpital, surtout depuis la pandémie, ou, de façon récurrente, l'école. L'injustice ressentie face à de telles fraudes est forte. Le seuil de tolérance a manifestement été franchi.

De premiers pas ont été effectués pour lutter contre l'évasion fiscale. Il faut maintenant aller encore plus loin.

CHAPITRE 5
De Lagos à la City, les circuits de la grande corruption

L'IMPUNITÉ DES DICTATEURS

Nombreux dans le monde sont les dictateurs qui amassent des fortunes dans des paradis fiscaux en spoliant leurs pays respectifs, pauvres et lourdement endettés. Cet argent est le produit de la corruption et du détournement de fonds publics. La longévité caractérise le sort de nombre d'entre eux, qui dirigent leur pays pendant des décennies, parfois jusqu'à leur décès. Ils s'approprient les richesses de leur pays au détriment du peuple. C'est littéralement du pillage. Le contraste est saisissant entre la fortune de ces autocrates et la misère de la population de ces États dépouillés.

Durant son mandat, en sa qualité de chef d'État, tout dictateur bénéficie d'une immunité garantie par le droit international. Aucune poursuite ne peut être exercée dans quelque pays que ce soit tant qu'il est au pouvoir. Ce n'est que lorsqu'il est renversé – et à condition qu'il le soit – qu'il est passible de poursuites. Et même en ce cas, il trouvera refuge dans un pays ami. Ce fut le cas aux États-Unis avec l'ex-président philippin Marcos et de la France avec l'haïtien Jean-Claude Duvalier. Les dictateurs déchus sont ainsi, de fait, protégés à vie. Il leur suffit de prendre la fuite dans une terre non hostile.

Dans certains pays, comme l'Algérie, le Nigéria, la Chine, la Russie et bien d'autres, la corruption est endémique et de notoriété publique. Si les amis et membres de la famille d'un potentat ne bénéficient d'aucune immunité, ils sont protégés par le pouvoir en place. Aussi est-il difficile pour des procureurs, dans des pays non démocratiques, de déclencher des enquêtes : ils encourent le dessaisissement voire des représailles. Souvent, ils ne risquent pas seulement leur réputation et leur carrière, mais jusqu'à leur vie et celle de leur famille. Il n'est pas étonnant que les actions engagées à l'encontre des personnalités corrompues et de leurs proches n'interviennent qu'à titre exceptionnel.

Pourtant, l'argent volé manque cruellement à des populations vivant pour la plupart sous le seuil de pauvreté. Les richesses telles que le pétrole sont mises en coupes réglées. Même les aides internationales font l'objet de détournements. Si les prêts du Fonds Monétaire International financent des projets de développement, bien souvent, l'argent, du moins pour partie, est détourné.

Une opacité renforcée par le recours à des intermédiaires

Autour des potentats gravitent des hommes d'affaires dont le rôle est d'entretenir la corruption et leur servir de couverture. Forts de leur influence et de la confiance des dictateurs, ils s'enrichissent dans des proportions considérables. Ils tirent parti de la complaisance de banquiers et fiduciaires implantés dans des places *offshore* auxquels ils confient la gestion de leurs comptes, lesquels servent à accueillir l'argent volé, à le blanchir et à le faire fructifier.

En instruisant des dossiers de corruption internationale, j'ai pu mesurer l'ingéniosité de certaines entreprises occidentales, attributaires de marchés de grande envergure, tels que la construction d'une usine de gaz liquéfié, pour corrompre des potentats africains. Elles ne leur versent pas directement des pots-de-vin, bien sûr, mais elles paient d'importantes commissions à des intermédiaires proches du pouvoir en place. Après s'être servis au passage, ces derniers se chargent de redistribuer les commissions sur des comptes *offshore* copieusement garnis. Un intermédiaire bien introduit dans le pays effectue d'autant plus facilement ces paiements qu'il détient lui-même des comptes en Suisse, au Luxembourg ou à Singapour. Au fur et à mesure de l'encaissement des commissions payées par les entreprises sur ses comptes, il les débite au profit d'autres comptes ouverts à Singapour ou Dubaï détenus par des proches du dictateur, ses enfants ou son épouse.

Il n'est pas difficile pour une entreprise multinationale de payer un intermédiaire sur un compte *offshore*. Il suffit qu'elle reçoive des factures émises par ce dernier au titre d'une « assistance commerciale ». L'entreprise justifiera de leur bien-fondé par le fait qu'elle ne dispose d'aucun réseau commercial dans le pays concerné.

À l'appui de ces factures, un intermédiaire avisé produit des rapports volumineux témoignant d'une assistance effective. Mais une analyse fouillée de leur contenu montre qu'ils sont généralement inconsistants. En défendant leurs clients, des avocats m'ont soutenu que pour emporter un contrat, quelques coups de fil suffisent. Peu importe que l'habillage, nécessaire pour la comptabilité de l'entreprise, soit fictif: l'assistance serait réelle. De telles interventions téléphoniques ne sont pas quantifiables, mais elles expliquent à leurs yeux le versement de centaines de millions de dollars de commissions. L'important pour l'entreprise payeuse, c'est que l'intermédiaire connaisse les décideurs et appuie efficacement, c'est-à-dire au plus haut niveau, le projet défendu par l'entreprise qui emportera un marché portant sur des milliards de dollars. Les avocats insistent sur les liens personnels entre leur client et le décideur.

Certaines fiduciaires m'ont même expliqué que c'était un travail de lobbying, parfaitement légal aux États-Unis ou à Bruxelles. Il est vrai que la frontière entre le lobbying (légal) et le trafic d'influence (illégal) est parfois ténue. C'est exactement la même problématique que pour la fraude et l'évasion fiscale. Où se situe la ligne rouge que les entreprises ne doivent pas dépasser ?

En l'occurrence, c'est l'étroitesse des liens personnels entre le décideur et le prétendu « lobbyiste » qui permet l'obtention du marché. Ce que ces avocats refusent d'admettre, c'est l'existence de rétrocessions par leurs clients des commissions perçues au décideur, un ministre du pétrole ou un chef d'État. Le recours à des comptes *offshore* masque ces redistributions d'argent et les mécanismes en place sont parfois si élaborés qu'il est impossible de caractériser des faits de corruption tangibles. Faute d'identification de flux d'argent provenant d'un compte de l'intermédiaire vers un compte du dictateur ou de ses proches, des enquêtes sont ainsi tenues en échec en dépit des suspicions légitimes générées par le paiement de commissions exorbitantes.

De plus, pour se dédouaner, l'entreprise fait systématiquement signer à l'intermédiaire un document aux termes duquel il s'interdit d'effectuer tout paiement en faveur des décideurs publics locaux. De la sorte, l'entreprise se couvre par avance et répond aux normes internationales édictées par l'OCDE. Si l'intermédiaire se fait prendre, il plaidera la bonne foi. Le risque qu'il prend est compensé par les sommes faramineuses qu'il perçoit.

Des montages encore plus opaques sont également apparus dans certains dossiers, l'entreprise attributaire, soucieuse de ne laisser aucune trace, ne versant pas elle-même les commissions. Elle confie à un sous-traitant bien introduit dans le pays le soin de les payer. Il suffit que le sous-traitant surfacture à l'entreprise attributaire du marché sa prestation de 5 %. Une fois le règlement effectué, il reverse ce pourcentage sous forme de commissions à l'intermédiaire. Ce type d'opérations est quasiment indétectable, car il suppose d'enquêter non seulement sur les comptes de l'entreprise principale, mais aussi sur les comptes de ses partenaires. C'est un travail de titan.

Enfin, les entreprises attributaires ou leurs sous-traitants, qui ont l'habitude de ce type d'opérations, disposent également de comptes *offshore*. Elles les alimentent par leurs filiales à l'étranger. Puis elles puisent sur ces comptes pour verser à l'intermédiaire les commissions. Les entreprises peuvent aussi demander à l'intermédiaire de facturer directement leurs filiales basées aux Bahamas ou aux Îles Vierges Britanniques. L'essentiel, c'est qu'il n'y ait aucune trace de ces commissions dans leur comptabilité. L'opération aura lieu entre sociétés *offshore* et les virements entre comptes *offshore*. L'impunité est ainsi quasiment assurée.

Le tournant des années 90

La justice genevoise a cependant commencé voici une trentaine d'années à s'intéresser au patrimoine de ces autocrates corrompus et à tenter d'identifier, du moins partiellement, leurs avoirs. Ces premières tentatives n'ont la plupart du temps été réalisées qu'après leur chute ou leur mort. Les investigations se sont portées sur leurs héritiers et les affairistes qui les ont fréquentés de près. Il est ainsi apparu que certains d'entre eux avaient noué des relations de confiance très étroites avec le dictateur durant la période où il exerçait son pouvoir. Ils constituaient autant de « passages obligés » pour les entreprises internationales qui postulaient pour de grands contrats dans le pays en cause. Les multinationales leur ont versé des commissions pour leur prétendue assistance sur place, lesquelles en réalité étaient destinées aux dirigeants du pays et à leurs proches.

La Suisse apparaît ainsi, paradoxalement, comme le pays qui a entrepris le plus de démarches pour appréhender et restituer les avoirs confisqués en faveur des populations spoliées ! Ces résultats sont le fruit d'une prise de conscience et d'une volonté judiciaire de tenter de mettre fin à l'impunité accordée à ces potentats et à leur famille.

En 1990, le procureur général de Genève nouvellement élu, Bernard Bertossa, décida d'identifier, dans la mesure de ses moyens, les avoirs de dictateurs déchus et de s'attaquer à la corruption et au blanchiment. Il se heurta bien évidemment aux réticences des banques – qui n'ont cependant eu d'autre choix que de s'incliner dans les quelques affaires ciblées par la justice – mais aussi et surtout à la mauvaise volonté des États spoliés, jusqu'alors dirigés par ces dictateurs, qui refusèrent bien souvent de coopérer avec la justice genevoise. Une fois n'est pas coutume, l'offensive venait des autorités judiciaires du pays refuge souhaitant appliquer de nouvelles lois anti-blanchiment.

Grâce notamment à cet homme de conviction, Genève a ainsi joué un rôle pilote et permis l'identification de fonds captés par des dictateurs et leurs proches qui avaient considéré, à tort, qu'ils y étaient totalement à l'abri. Ceux-ci se trouvaient pris à revers. Les autorités judiciaires genevoises ont ainsi tracé un chemin que d'autres pays auraient dû suivre. Ce progrès doit cependant être relativisé, car la justice n'intervient que très ponctuellement, à l'occasion d'un dossier précis, mais n'a pas vocation à superviser l'activité de l'ensemble des établissements financiers et des banques accueillant, en toute discrétion, l'argent de la corruption. Néanmoins, ces quelques avancées ont contribué à la prise de conscience que cette situation ne pourrait durer éternellement.

Les premières tentatives (avortées) : Duvalier et Mobutu

Les premières tentatives de la justice pour appréhender les avoirs de dictateurs furent très parcellaires. Elles sont toutefois riches d'enseignement et ont ouvert la voie. Les exemples du potentat déchu haïtien Jean-Claude Duvalier et du dictateur du Zaïre Mobutu, mort en 1997, sont éloquents.

En février 1986, Jean-Claude Duvalier, alias Bébé Doc est chassé du pouvoir par un mouvement populaire après plus de 15 ans de dictature. Lui-même a pris la succession de son père, Papa Doc. Des milliers d'Haïtiens ont été torturés et assassinés sous leur règne, des centaines de milliers d'autres ont dû prendre la fuite. La corruption est devenue endémique dans ce pays qui est l'un des plus pauvres d'Amérique centrale.

Lorsqu'il est renversé, où Bébé Doc trouve-t-il refuge? En France. François Mitterrand est alors président de la République. Le gouvernement socialiste justifie cet accueil par le fait qu'il souhaite « faciliter la transition démocratique ». En réalité, les Américains acceptent d'affréter un avion pour organiser sa fuite, mais ils ne veulent pas l'accueillir. Pourquoi la France accepte-t-elle de le faire?

Le séjour, qui ne devait durer qu'une huitaine de jours, va se poursuivre pendant 25 ans[1]. L'élection de Jacques Chirac n'a pas modifié la donne. Les atteintes notoires aux droits de l'homme n'ont aucunement été prises en considération. Comment peut-on expliquer une telle complaisance de la France pour un homme réputé pour avoir commis de graves exactions et pour avoir bénéficié d'une corruption endémique? Le comportement de la France, qui a su se montrer si accueillante à l'égard d'un dictateur déchu, en dit long sur la perception que nos dirigeants avaient de la corruption et des atteintes aux droits de l'homme.

Le prétexte de la transition démocratique est non seulement dénué de sens, mais témoigne du cynisme du discours. En quoi pouvait-elle être facilitée par l'accueil d'un tel autocrate? Ce n'est d'ailleurs pas le propre de la France, les dirigeants d'autres États démocratiques ont choisi, eux aussi, d'accueillir des personnalités politiques

1. « Bébé Doc, le retour d'un dictateur », *Libération*, 17 janvier 2011.

qui auraient dû être poursuivies et jugées pour des faits criminels et des actes de corruption. Les doubles discours sont légion. L'hypocrisie règne. On mesure le chemin à parcourir avant de parvenir, un jour peut-être, à une justice internationale. Non seulement la corruption à grande échelle est largement impunie, mais il en est de même des crimes contre l'humanité.

Bébé Doc mène alors en France un train de vie luxueux, fréquentant assidûment de grands hôtels et logeant dans de somptueuses villas à Annecy et sur la Côte d'Azur. Il dispose également d'un château près de Paris. Son divorce l'aurait cependant appauvri, son épouse s'appropriant des avoirs conséquents lors de la rupture. Serait-elle aussi entrée en possession des clés des coffres et comptes suisses ? Nul ne le sait puisque ces comptes sont, par nature, secrets. Lorsque bien plus tard, en 2011, il revient à Haïti, il est inculpé de corruption par les autorités judiciaires locales. Il nie les faits. Il meurt en 2014 avant d'avoir été jugé.

Selon l'ONG Transparency International, il est soupçonné d'avoir pillé les caisses de l'État américain le plus pauvre, sous son règne qui a duré de 1971 à 1986, pour plusieurs centaines de millions de dollars.

Où est passé l'argent ?

Selon l'ex-procureur général de Genève, Bernard Bertossa[1], la Suisse a bloqué environ 7,5 millions de dollars. Mais des difficultés sont intervenues du fait des

1. Bernard Bertossa, *La Justice, les affaires, la corruption*, Fayard, 2009.

carences de Haïti, qui a tardé à présenter une demande d'assistance permettant de caractériser l'origine frauduleuse des fonds. Les autorités judiciaires suisses, pour maintenir la saisie de fonds en vue de leur confiscation, doivent en effet constater l'existence de faits de corruption. Elles ne peuvent les présumer. Elles doivent déterminer l'origine frauduleuse de la fortune cachée. Or, le plus souvent, seul l'État spolié est détenteur des informations qui pourraient en établir la preuve. Il suffit que cet État soit défaillant dans la coopération judiciaire pour que la confiscation soit rendue quasiment impossible en Suisse. Après des années de procédure et de contestations par leurs détenteurs, les fonds saisis ne peuvent qu'être restitués.

Le procureur général de Genève cite également le cas de Mobutu, l'ex-président du Zaïre, devenu République démocratique du Congo. 8,3 millions de francs suisses ont été bloqués en 1997 après sa mort. Mais, faute d'une demande judiciaire formulée par le Zaïre en bonne et due forme permettant de caractériser leur origine frauduleuse, les fonds ont dû être restitués, au vu d'une décision du Tribunal pénal fédéral du 14 juillet 2009, aux héritiers de l'ancien dictateur.

L'hebdomadaire *Le Point* rappelle que le Zaïre « n'a jamais réussi à mettre la main sur l'immense domaine des Minguettes, à Savigny, dans le canton de Vaud, qui appartenait à l'ancien président Mobutu[1] ». Il en fut de même

1. « Le clan Ben Ali pourrait récupérer ses avoirs gelés en Suisse », *Le Point*, 18 janvier 2021.

avec les fonds de l'ancien dictateur Jean-Claude Duvalier, bloqués en 1986. Questionné à ce sujet, un haut responsable des Affaires étrangères suisse a raconté que son pays avait été confronté à un État défaillant : que pouvait faire la Suisse dès lors que le Zaïre avait fait le choix de ne pas poursuivre l'ancien potentat ? Il a déploré que la Suisse ait été contrainte de ce fait à restituer les avoirs de l'ancien président à sa famille.

Comment expliquer une telle carence des autorités congolaises ? Est-ce en raison de la nomination du fils du défunt dictateur, Nzanga Mobutu, à un poste de ministre d'État en 2007 puis de vice-premier ministre en 2008 jusqu'en mars 2011 ? On ne peut que le supposer…

Les dossiers Duvalier et Mobutu constituent l'embryon de la lutte contre la corruption dans le monde. J'ai fréquemment constaté en instruisant de tels dossiers qu'il était hautement souhaitable, pour qu'une enquête puisse aboutir, que les procureurs et juges des différents États impliqués travaillent de concert. On peut parfois pallier la carence d'un État, mais l'absence de documents probants que seuls les procureurs de cet État peuvent obtenir crée des difficultés. Souvent, c'est le paradis fiscal qui ne coopère pas pour des raisons qui lui sont propres, mais il arrive aussi que l'État victime ne se manifeste pas et reste passif. Il est particulièrement difficile de mener une enquête à son terme si l'État spolié ne coopère pas. Ce n'est toutefois pas impossible, comme le montrent les affaires des biens mal acquis mettant en cause les proches de dirigeants en place dans plusieurs pays africains. Je dirais même que plus l'enquête est difficile, plus il faut tenter de la faire aboutir, quitte à faire l'impasse sur certains aspects du dossier. Ce genre d'enquête demande un travail très important, car il faut effectuer une démonstration inattaquable. L'enjeu en vaut la chandelle.

Une première avancée : le Philippin Ferdinand Marcos

Ferdinand Marcos fut un dictateur aux Philippines de 1965 jusqu'à sa chute en 1986. Il avait amassé une immense fortune et était suspecté d'avoir détourné plusieurs milliards de dollars au préjudice de son pays. Où étaient ses avoirs cachés lorsqu'il dut fuir le pays ?

Il est avéré qu'une partie se situait en Suisse. Elle a en effet été découverte, peu après son départ forcé, par le procureur de Genève. La justice suisse gela ainsi 685 millions de dollars à la demande des autorités judiciaires des Philippines.

« On avait d'une part, explique le procureur général de Genève, un État asiatique de 50 millions d'habitants, confronté à des difficultés économiques considérables ; de l'autre, un potentat et sa famille qui, profitant de manière éhontée de leur pouvoir, avaient accumulé en vingt ans de règne, une fortune colossale à laquelle ils s'accrochaient sans le moindre scrupule[1] ».

1. Bernard Bertossa, *op. cit.*

Les consorts Marcos ne manquèrent pas de contester la mesure et portèrent l'affaire jusque devant le Tribunal fédéral, qui validera toutefois les saisies en 1987. S'ensuivirent de longues procédures judiciaires. Il est vrai que les montants saisis attisaient les convoitises. Ces fonds seront finalement redistribués trente ans plus tard au pays spolié afin de financer une réforme agraire et de dédommager les victimes de la répression. Un cas d'école? Oui et non. C'est un résultat non négligeable. Pourtant cette affaire laisse un parfum amer: où est passé le reste de l'argent? À cette heure, nul ne le sait, ou du moins, ne l'a fait savoir.

Quant aux époux Marcos, ils se sont installés lors de leur fuite à Honolulu (où Ferdinand Marcos devait décéder en 1989), avec la bénédiction des États-Unis. Comment ces derniers peuvent-ils justifier un tel comportement alors qu'ils se présentent sur la scène mondiale, devant les institutions internationales telles que l'OCDE, comme les champions de la lutte contre la corruption en incitant vivement les autres États à s'inspirer de leur modèle? Peuvent-ils sérieusement prétendre qu'ils étaient les seuls à ignorer les investigations lancées aux Philippines et à Genève contre l'ex-président Marcos?

Sans surprise, des considérations d'ordre politique l'ont emporté sur l'éthique. Ce cynisme montre bien les limites de l'exercice. Les États-Unis ouvrent leurs portes aux dictateurs évincés dès lors qu'ils les ont soutenus durant l'exercice de leur pouvoir. Ils leur assurent une sécurité absolue et les mettent à l'abri d'enquêtes judiciaires en leur offrant l'asile pour services rendus.

Mme Marcos, qualifiée par certains de « Marie-Antoinette des Tropiques », sera finalement condamnée aux Philippines à de la prison en 2018. Âgée de 89 ans, elle a engagé des recours contre le jugement.

Cette affaire n'a pas empêché le fils du dictateur déchu d'être élu président des Philippines le 9 mai 2022. Pendant des années, ce dernier a tenté d'effacer, en particulier sur les réseaux sociaux, la réputation de dictateur corrompu de son père. Selon le *New York Times*, désormais, « beaucoup redoutent une aggravation de l'impunité à l'égard des puissants[1] ». Le fils gère-t-il une fortune considérable à l'abri des regards indiscrets ? Si tel est le cas, pourquoi ne la restitue-t-il pas à l'État spolié qu'il dirige ?

Des résultats mitigés au Nigéria pour le général Abacha

Un autre dictateur, le général Abacha, a trouvé la mort subitement le 8 juin 1998 alors qu'il dirigeait d'une main de fer le Nigéria depuis 5 ans. Plus de 100 millions d'habitants vivent dans ce grand pays africain qui contient de gigantesques réserves de pétrole. Ces richesses naturelles

1. « After 36 years, another Marcos may lead the Philippines », *The New York Times*, 9 mai 2022, cité en français dans « Aux Philippines, le fils de l'ancien dictateur Ferdinand Marcos remporte les élections », *Courrier international*, 10 mai 2022.

n'empêchent pas la population de vivre dans la pauvreté. En revanche, le général a amassé une fortune considérable au détriment de son peuple. Duvalier, Mobutu, Marcos, Abacha : l'histoire se répète et rien ne change.

Le président nouvellement élu, Olusegun Obasango, devait charger un avocat suisse de retrouver les milliards de dollars détournés des caisses du pays. Dans une interview accordée l'an dernier à la BBC[1], l'avocat explique les conditions dans lesquelles il est intervenu et a traqué l'argent caché pendant une vingtaine d'années pour le compte du Nigéria. Au vu de sa plainte, le procureur général de Genève avait accepté d'ouvrir une enquête visant le général et ses fils.

Le procureur général, dans le livre qu'il a écrit sur la corruption, a indiqué que le général Abacha avait pillé les caisses de l'État nigérian pendant cinq ans à hauteur de quatre milliards de dollars dont un milliard a pris la destination de Londres. Le nouveau pouvoir nigérian a réussi dans un premier temps à identifier les fonds ayant pris le chemin de la Suisse et celui de Londres. La Suisse a coopéré et les juges ont effectué un véritable travail d'enquête. Des investigations furent menées auprès de plusieurs banques suisses et des centaines de millions de dollars ont été saisis. Elles aboutirent, à l'issue de longues procédures judiciaires, à des restitutions au Nigéria d'un milliard de dollars. 267 millions ont également été saisis

1. « Sani Abacha – "comment nous avons trouvé le butin caché de l'ancien président nigérian décédé" », BBC, 2 février 2021.

à Jersey. De l'argent a pu être retrouvé au Luxembourg et au Liechtenstein dans le prolongement du travail mené à Genève. Les investigations judiciaires suisses ont ainsi été menées avec succès, du moins pour les comptes qui avaient pu être identifiés.

Mais Londres ne devait pas y donner suite. L'un des principaux récipiendaires des « fonds Abacha », Abubakar Bagudu, vivait à Londres où il n'a jamais été inquiété. L'argent détourné en Grande-Bretagne par le général Abacha n'a pas été saisi par la justice londonienne. Ceux qu'il a désignés pour gérer ces comptes continuent à en bénéficier en toute impunité, en Grande-Bretagne et sans doute ailleurs. Ainsi Londres s'est-elle révélée être une place financière plus protectrice que la Suisse, le Luxembourg et le Liechtenstein. Ce n'est pas le moindre des paradoxes. Pourtant, ce n'est pas une surprise. Pour tous ceux, juges d'instruction ou procureurs, qui ont eu ces vingt dernières années à traiter des affaires de corruption internationale, la coopération de la Grande-Bretagne fut compliquée et synonyme de temps perdu. Certes, la police a créé un organe spécialisé, le *Serious Fraud Office*, dont les enquêteurs sont motivés. Mais ce service relève de la police et non de la justice, défaillante. Aussi ne dispose-t-il pas de pouvoirs suffisants ou en tout cas équivalents à ceux des juges d'instruction ou des procureurs suisses ou italiens. Le système judiciaire britannique est totalement inadapté pour lutter contre la délinquance financière. Il n'existe en Grande-Bretagne aucune volonté politique de remédier à cette situation.

La présence de la City, que les Britanniques veulent absolument préserver, en est sans doute l'explication, même si ce raisonnement est un peu court. D'autres pays comme le Luxembourg ou la Suisse ont tout aussi intérêt à protéger leurs banquiers. Cela ne les a pas empêchés de confisquer des centaines de millions de dollars. Seule la Grande-Bretagne a fait défaut. Son comportement est déplorable.

Ainsi les avoirs saisis sont-ils nettement inférieurs à l'intégralité des avoirs détournés. Le général Abacha et ses proches ont appliqué l'adage selon lequel « il ne faut pas mettre tous ses œufs dans le même panier ». Le panier anglais s'est révélé plus sûr que le panier suisse. Si le général Abacha est décédé et n'a pu profiter des milliards volés aux Nigérians, ses proches et ses héritiers ont pu capter une bonne part des fonds pris dans les caisses de l'État sans pouvoir être rattrapés grâce notamment à la défaillance de la justice anglaise. Cette dernière, répétons-le, a été totalement inapte à recouvrer les fonds détournés et à poursuivre les bénéficiaires. Certains proches du général corrompu ont même bénéficié de protections. C'est ce que révèle le correspondant du *Point* à Genève dans un article du 10 août 2015, s'inspirant du journal suisse *Le Matin* ayant titré « La Suisse et l'ONU [basée à Genève] accordent l'immunité à des diplomates fantômes ». Il est de notoriété publique que certains pays, comme Chypre, attirent les investisseurs en leur promettant, en échange d'importants apports de fonds, des passeports. Mais certains vont plus loin en leur accordant l'immunité diplomatique : ils ne peuvent être poursuivis. Quelle aubaine pour les riches escrocs, les personnalités corrompues, les intermédiaires corrupteurs, les mafieux, les trafiquants de drogue ou encore les oligarques ! Ceux-ci cherchent bien sûr non seulement à mettre leurs avoirs à l'abri, mais aussi à être protégés de toutes poursuites et notamment des notices rouges d'Interpol lorsqu'un procureur ou un juge d'instruction procède à une enquête et délivre un ordre d'arrestation.

L'article cite ainsi le cas d'un proche du dictateur nigérian Abacha, Gilbert Chagoury. Gilbert Chagoury est d'origine libanaise. Ses parents ont émigré au Nigéria en 1930. Homme d'affaires, il s'est constitué une fortune estimée en 2013 à 4,2 milliards de dollars[1]. Il a bâti un véritable empire au Nigéria. Selon les *Échos*[2], il fait partie des « dix premiers milliardaires africains ».

Gilbert Chagoury a aussi rendu des services au pouvoir alors en place. Il a été condamné par la justice suisse, qui enquêtait sur la fortune accumulée par le général Abacha de son vivant, à une peine d'amende d'un million de francs suisses, pour avoir aidé ce dernier à détourner de l'argent public. Il a également dû restituer d'importantes sommes d'argent[3]. Selon le quotidien helvétique,

1. « Au Liban, un village bling-bling construit avec l'argent du Nigéria », *Le Monde*, 7 avril 2017.

2. « Qui sont les dix premiers milliardaires africains ? », *Les Échos*, 11 octobre 2013.

3. « Argent sale : Genève condamne un industriel nigérian à une peine exemplaire », *Le Temps*, 25 juillet 2000.

M. Chagoury était poursuivi pour blanchiment : des virements élevés ont été débités de la Banque Centrale du Nigéria sous la présidence du général Abacha vers des comptes ouverts en Suisse au nom de Gilbert Chagoury, auquel il est aussi reproché d'avoir agi de concert avec les fils du dictateur.

Ce type de virements provenant d'une Banque Centrale correspond à des détournements de fonds publics. Le dictateur puisait ainsi directement dans les caisses de l'État.

Or, Gilbert Chagoury est devenu ambassadeur de l'île de Sainte-Lucie (une île pauvre des Caraïbes) auprès de l'UNESCO en 1995, c'est-à-dire du vivant du général Abacha, puis auprès de l'ONU à Genève en 2003. « On savait déjà, relève *Le Point*, que des petits pays vendaient des passeports contre des billets de banque. Certaines îles indépendantes des Caraïbes vont plus loin : elles vous nomment ambassadeur. Cela peut coûter un peu plus cher, de 100 000 à 500 000 dollars[1] ». L'article cite l'exemple de Sainte-Lucie, mais aussi celui de la Grenade qui ont nommé des ambassadeurs auprès de l'ONU à Genève dans ce contexte. De tels titres acquis par des hommes d'affaires richissimes dans les conditions que l'on peut imaginer leur accordent ainsi une immunité diplomatique. S'ils sont poursuivis par la justice, cette immunité les protège.

Gilbert Chagoury dispose d'une « immense bâtisse, la villa Alexandra, avec arcades, jardin et statues de pierre

1. « Pour échapper au fisc, achetez un passeport diplomatique ! », *Le Point*, 31 juillet 2015.

rose» dans les montagnes libanaises, à Miziara, où la construction d'une villa ne coûte pas moins de 2 millions d'euros [...] Le groupe Chagoury, relève l'article, est chargé du développement du plus grand projet immobilier d'Afrique de l'Ouest, Eko Atlantic: ce nouveau quartier de luxe, situé sur la côte de Lagos, doit accueillir 250 000 résidents fortunés, des sièges sociaux d'entreprises et de nombreux commerces[1] ». L'article révèle aussi que l'homme d'affaires est « réputé très proche de la famille Clinton[2] », mais qu'il existe une ombre au tableau s'ajoutant à sa condamnation en Suisse: son nom est apparu dans les Panama Papers.

À Miazara, il est le « premier employeur du village » et « la rue principale a même été rebaptisée à son nom », poursuit *Le Monde*[3]. Gilbert Chagoury est également présenté comme un philanthrope. C'est ainsi que, suite à une donation, la salle 606 du Louvre porte son nom et celui de son épouse.

Ainsi les dictateurs et leurs proches ont-ils été et restent-ils encore de nos jours largement protégés, même si la justice se manifeste de temps à autre. Peu importe que la population des pays qu'ils ont dirigés ou dirigent toujours vive dans sa grande majorité sous le seuil de pauvreté. Plus récemment, les révolutions des pays arabes en 2011 n'ont fait que confirmer ce constat. En dépit des déclarations

1. « Au Liban, un village bling-bling construit avec l'argent du Nigéria », *op. cit.*

2. *Ibid.*

3. *Ibid.*

d'intention, le monde n'a pas évolué à cet égard depuis les scandales ayant visé dans les années 80 et 90 le président Marcos ou le général Abacha.

Les révolutions en Égypte et en Tunisie : la justice embourbée

Lors du printemps 2011, le Moyen-Orient voit éclore des révolutions porteuses d'espoir et de colère. Confronté à la misère et à un régime corrompu, le peuple égyptien descend dans la rue et obtient la démission du Raïs, au pouvoir depuis 1981, soit durant près de trente ans. Contrairement à d'autres, le dictateur déchu ne prend pas la fuite. Des enquêtes sont alors ouvertes sur l'origine de sa fortune et de celle de ses proches. Elles ont des prolongements internationaux.

Le *Guardian*, se fondant sur l'analyse d'experts du Moyen-Orient, évalue sa fortune et celle de sa famille à 70 milliards de dollars investis dans des banques britanniques et suisses ainsi que dans l'immobilier, notamment aux États-Unis et à Londres. Selon Marc Lavergne, directeur de recherche au CNRS, il faut modérer ces chiffres et plutôt relever quelques milliards de dollars. Comment évaluer de façon précise le montant d'avoirs par définition dissimulés au regard de tous ? C'est l'éternelle question, qui n'a jamais été résolue faute pour quiconque d'avoir accès aux comptes secrets. Personne ne dispose encore aujourd'hui des moyens d'identifier et *a fortiori* d'évaluer précisément une fortune cachée.

Toujours est-il qu'il aura fallu attendre la révolution pour que ces faits apparaissent au grand jour. Cela signifie qu'en dépit des milliards accumulés, ni le Raïs ni ses proches n'ont jamais été inquiétés. La situation n'a guère évolué depuis l'époque Duvalier, Mobutu, Marcos et Abacha. De leur vivant, tous ont pu s'enrichir et bénéficier d'une impunité totale. C'est toujours le cas pour les dictateurs actuels.

S'agissant de l'Égypte, le *Guardian* évoque des faits de corruption liés aux achats d'armes et aux investissements étrangers, et ce alors que 40 % des 84 millions d'habitants que compte le pays vivent avec à peine 3 dollars par jour.

Comme dans les affaires précédentes, les autorités suisses ont gelé des fonds lors de chute du Raïs, soit 640 millions d'euros bénéficiant à H. Moubarak, mais aussi à son épouse et au frère de celle-ci, à ses fils et leurs épouses, à plusieurs ministres. C'est tout un clan qui est concerné. En janvier 2016, le procureur de la Confédération helvétique révélait lors d'une conférence de presse que la Suisse poursuivait son enquête et qu'il s'était lui-même rendu en Égypte afin de connaître l'origine des fonds saisis.

La difficulté qui se pose pour la justice suisse est toujours la même : il lui faut caractériser des faits de blanchiment pour pouvoir ordonner définitivement la confiscation de fonds qui ont été gelés. Il appartient à la justice, lors de son enquête, d'établir que les fonds proviennent d'un délit pénal, qu'il s'agisse de corruption ou de fonds détournés.

Le procureur suisse a ainsi déclaré avoir adressé une trentaine de demandes aux autorités judiciaires égyptiennes à cet effet. Elles seules sont à même d'enquêter sur les marchés publics égyptiens concernés. Encore faut-il que les procureurs égyptiens coopèrent. Le problème s'était posé dans les mêmes termes pour les avoirs du dictateur Mobutu ou du dictateur Marcos. La différence avec le cas du général Abacha, c'est que son successeur avait mandaté un avocat suisse pour récupérer les fonds détournés et coopéré avec la justice helvétique, ce qui a permis d'aboutir à des confiscations.

Malheureusement, dans plusieurs cas de corruption internationale, des saisies ont dû être levées faute de coopération du pays spolié au vu des liens existant ou ayant existé entre les anciens dirigeants soupçonnés de corruption et les nouveaux dirigeants. Une véritable coopération suppose aussi une justice indépendante, ce qui est évidemment loin d'être le cas dans des régimes dictatoriaux.

Or, la situation a évolué en Égypte depuis la révolution. Les militaires ont repris le pouvoir. Ils dirigent eux aussi le pays d'une main de fer. Faute de coopération de leur part, le gel sera levé. De même, l'Union européenne a ordonné la saisie de fonds. Cependant, par une décision du 6 avril 2022, la Cour européenne de justice a ordonné la levée de cette mesure. « Où sont passés les milliards du clan Moubarak ? » titre alors le *Parisien*. Question restée sans réponse…

Ce que confirme ce dossier, c'est que les héritiers d'un dictateur déchu peuvent échapper à la saisie des avoirs de la succession de leur parent grâce à la complaisance des nouveaux dirigeants. Les carences de la justice du pays d'origine mettent ainsi une nouvelle fois en échec la bonne volonté des procureurs des pays refuges, tels que la Suisse ou même des États de l'Union européenne. Les autocrates et leurs proches conservent de cette manière une fortune immense, issue de spoliations.

La situation est tout à fait comparable en Tunisie. Chassé par la révolution, le dictateur Ben Ali a dû quitter son pays précipitamment le 14 janvier 2011 dans un jet baptisé « Oscar » pour trouver refuge en Arabie Saoudite. Les montants annoncés de sa fortune et de ses proches (notamment la famille de sa femme Leila Trabelsi) sont gigantesques. Selon le *Point*[1], la fortune du clan Ben Ali atteindrait en effet 9 milliards de dollars, soit près du quart du PIB tunisien. Or, seuls 56 millions d'euros ont été saisis en Suisse en 2011, voilà déjà dix ans. C'est un piètre résultat.

En outre se pose encore aujourd'hui la question de la restitution des 56 millions. Une fois de plus, c'est à la justice suisse de démontrer l'origine frauduleuse des fonds blanchis. Selon *Le Point*, « dix années, cela paraissait amplement suffisant pour que la justice tunisienne puisse apporter les preuves que les sommes saisies avaient été injustement gagnées. Or, il n'en a rien été. À Tunis, les poursuites judiciaires sont toujours en cours[2] ». Aussi

1. « Le clan Ben Ali pourrait récupérer ses avoirs gelés en Suisse », *op. cit.*
2. *Ibid.*

l'argent ne peut-il toujours pas être confisqué définitivement par la Suisse ni restitué à l'État tunisien. Rien n'est acquis.

Ainsi, les saisies pratiquées en Suisse, pour importantes qu'elles soient, apparaissent très limitées au regard des sommes avancées par la presse. *Le Monde* évoque un bilan « mitigé » au sujet des saisies tunisiennes, neuf ans après la chute du président Ben Ali, et ce malgré l'envoi de demandes d'assistance judiciaire dans vingt-cinq pays[1]. Le simple nombre d'États concernés par les investigations menées reflète la complexité des montages mis en place et traduit les difficultés rencontrées par la justice pour appréhender la fortune du dictateur et de ses proches. *Le Monde* conclut que nombre de saisies « sont au point mort ».

Quant à la famille Ben Ali, en dépit de multiples condamnations en leur absence par la justice tunisienne pour corruption, détournement de fonds et autres délits divers, elle s'est majoritairement réfugiée en Arabie Saoudite. Ce pays « refuse d'extrader les ressortissants musulmans [...] au nom de l'hospitalité[2] ». Ainsi, selon la presse, vivent-ils paisiblement à Jeddah, au bord de la mer Rouge.

1. « En Tunisie, le bilan mitigé de la récupération des biens confisqués du clan Ben Ali », *Le Monde*, 15 janvier 2020.

2. « Tunisie : sept ans après sa chute, qu'est devenu le clan Ben Ali ? », *Le Monde*, 14 janvier 2018.

La révolution avortée de l'Algérie

L'exemple algérien est révélateur. Après de grandes manifestations et la révolte du peuple début 2019 (le mouvement Hirak), M. Bouteflika et son cercle rapproché ont été écartés du pouvoir et des poursuites pour corruption ont été déclenchées contre certains ministres et hauts gradés de l'armée. Sont également visés deux anciens premiers ministres et le frère du président Bouteflika. Des arrestations ont été ordonnées. Cette opération « Mains Propres » est cependant partielle. Dans un pays gangréné par la corruption, tous les anciens dirigeants ne sont pas visés. Pourquoi certains sont-ils poursuivis par la justice et d'autres épargnés dans un pays où la corruption est généralisée ? N'est-on pas en présence, sous couvert d'une lutte contre la corruption, d'une guerre des clans ? La justice est-elle suffisamment indépendante pour enquêter sur tous les caciques du régime ?

Toujours est-il que des enquêtes ont été déclenchées contre deux anciens premiers ministres, Ahmed Ouyahia et Abdelmalek Sellal, ainsi que contre plusieurs ministres. Les hommes d'affaires ne sont pas épargnés. Les accusations portent sur des « dilapidations » de fonds publics et du blanchiment.

C'est l'histoire de la bouteille à moitié pleine et à moitié vide. Tout dépend du regard que l'on y porte. Si l'on peut se féliciter que des personnes corrompues ayant eu de hautes responsabilités au sein du régime soient enfin démasquées, on ne peut que regretter que d'autres, qui restent protégées par le pouvoir, échappent à toute poursuite. On ne peut parler d'opération « Mains Propres », à l'instar de celle qu'ont réalisée les procureurs milanais en 1992, décimant une classe politique corrompue, car la justice algérienne n'a manifestement pas les coudées franches. Pourtant les procès s'accumulent contre des personnes ayant dirigé le pays sous l'ère Bouteflika.

Selon un quotidien arabophone, si l'on additionne les montants évoqués lors de l'ensemble de ces procès, le préjudice atteindrait le montant pharaonique de 70 milliards de dollars[1]. Les enquêteurs ont saisi d'importantes sommes en liquide lors de perquisitions dans de luxueuses villas. Certains dignitaires cachaient même leur argent dans leur jardin. Mais un enquêteur algérien relativise la portée de ces résultats : « Toutes ces sommes saisies en liquide à travers le pays ne sont que la partie immergée de l'iceberg : des milliards ont été transférés à l'étranger et seuls quelques Européens coopèrent vraiment avec nous pour tracer l'argent ». Selon le quotidien *Le Soir d'Algérie*, les avoirs que la justice essaie de saisir dans d'autres pays s'élèvent à plus de 3 milliards d'euros : « Cet argent a servi à l'achat de biens immobiliers, considérables pour certains, à louer des jets privés, à entretenir un train de vie luxueux et à garder toujours pleins les comptes en banque que ces corrompus ont ouverts en leur nom et ceux de leurs proches[2] ». « Ceux

1. Cité dans « Voyage au cœur de la corruption algérienne », *Le Figaro,* 22 septembre 2020.

2. « Argent de la corruption transféré à l'étranger, Plus de 3 milliards d'euros à récupérer », *Le Soir d'Algérie*, 1er septembre 2020.

qui avaient des complicités dans l'administration, la justice, les douanes ou la police, ne sont plus protégés et ils le savent. Tout ce système de connivence est en train d'exploser[1] », peut-on encore lire dans *Le Point*.

Aussi le système de corruption généralisée en Algérie se lézarde-t-il, bien que les poursuites soient sélectives. Dans un pays gangréné par la corruption, c'est toute la classe politique qui devrait rendre des comptes. On perçoit dans les propos de l'enquêteur algérien la même problématique que celle qui prévaut dans la plupart des grandes affaires de corruption. On y trouve des espèces, camouflées dans les résidences des personnes en cause, parfois saisies, mais pas toujours. Surtout, c'est la difficulté à retrouver et appréhender les fortunes accumulées à l'étranger qui caractérise ces affaires et ralentit les instructions en cours.

Dans un pays comme l'Algérie, seul un régime démocratique peut réformer en profondeur le système en place et seule une justice totalement indépendante est à même d'éradiquer le phénomène de la corruption. Mais, même dans l'hypothèse où ces conditions seraient réunies, les protections offertes aux capitaux accumulés dans les paradis fiscaux permettraient à leurs détenteurs d'éviter la saisie de la majeure partie de leur fortune.

Qu'il s'agisse du président tunisien, du président égyptien ou de tous les autres dictateurs déchus, on est loin du

1. « Les dessous de l'opération "mains propres" en Algérie », *Le Point*, 1er mai 2019.

compte. Les saisies sont mineures eu égard à l'ampleur de la corruption et des détournements de fonds sur lesquels la justice a engagé des enquêtes avec des résultats mitigés.

Les biens mal acquis

La situation, par rapport aux affaires plus anciennes, a ainsi peu évolué ces dix dernières années. Cependant, la justice en France, qui paraît isolée, a récemment pris l'initiative d'engager des poursuites judiciaires visant des proches de chefs d'État non déchus. Tel est le cas de plusieurs dossiers ouverts au pôle financier. Les enquêtes visant les « biens mal acquis » ont pour finalité la saisie et la confiscation de biens appartenant à des proches de présidents africains, une fois n'est pas coutume, en exercice. Ces investigations portent sur des biens immobiliers et mobiliers luxueux acquis à Paris par des membres de la famille de plusieurs dictateurs qui ne peuvent justifier de ressources équivalentes à leur valeur. Il était d'emblée manifeste que ces appartements n'avaient pu être financés que par des fonds d'origine suspecte, qu'il s'agisse de corruption ou de détournements de fonds publics.

Ce qui a frappé les enquêteurs lors des perquisitions, c'est le luxe ostentatoire des meubles et tableaux qui s'y trouvaient.

À l'origine, plusieurs associations de lutte contre la corruption ont déposé plainte en 2008 à Paris en visant le Gabon (Omar Bongo), le Congo-Brazzaville (Denis

Sassou-N'guesso) et la Guinée Équatoriale (Teodoro Obiang). Le dossier concernant la Guinée Équatoriale a abouti à un premier procès en 2017 devant le tribunal judiciaire de Paris, puis un second, en appel, contre notamment le vice-président de la Guinée Équatoriale qui n'est autre que le fils du président.

Un immeuble avenue Foch d'une valeur de 107 millions d'euros, des voitures de luxe, des bijoux et des œuvres d'art ont été saisis. Le fils Obiang était absent lors des procès. Ses avocats ont essayé d'accréditer l'idée que ce bien immobilier tenait lieu d'ambassade et que le fils Obiang bénéficiait à ce titre de l'immunité diplomatique. Si cette thèse avait été retenue, le bien devenait insaisissable. La justice, après de multiples recours et incidents de procédure, devait cependant conclure que ce bien n'était autre que sa demeure lorsqu'il séjournait à Paris.

La procédure ayant été validée, que vont devenir les fonds et les biens saisis ? Des ONG réclament depuis longtemps, légitimement, la restitution des avoirs confisqués aux populations lésées. Ils font valoir que ce sont elles qui ont été spoliées et que la France, comme la Suisse dans d'autres affaires, n'a pas vocation à bénéficier de cette manne. Mais comment rétrocéder les fonds saisis à bon escient lorsque le pays est dirigé par le père de la personne poursuivie ? Quelles garanties présenterait la restitution de fonds détournés à un État dirigé par un potentat dont le fils vient d'être condamné pour corruption ?

Le problème s'est déjà posé dans le passé à la Suisse qui a mis au point, au cas par cas, avec l'assistance d'organismes internationaux, des financements destinés à aider les habitants, comme la construction d'écoles ou de lieux de soins. S'agissant du fils Obiang, la France a décidé que les fonds seraient affectés au budget de l'Agence française de développement, à charge pour celle-ci d'en faire bénéficier directement la population. On ne peut que saluer de telles initiatives qui sont à la fois justes et réparatrices. Elles donnent du sens à l'action de la justice, la confiscation permettant la restitution aux victimes du pillage des biens du pays.

Ce même dossier vise aussi le Congo-Brazzaville, dirigé par Sassou-N'Guesso depuis plusieurs décennies. Ce pays tire les deux tiers de ses recettes du pétrole. Le fils du président, par ailleurs ministre, est soupçonné d'avoir blanchi en France 19 millions d'euros provenant de l'industrie pétrolière[1]. Ainsi la justice a-t-elle saisi un hôtel particulier à Neuilly qui lui appartiendrait. Elle enquête également sur le financement de deux autres appartements de luxe situés dans le 16e arrondissement de Paris.

Selon la presse, des prête-noms sont détenteurs des parts des SCI propriétaires de l'hôtel particulier, à savoir le chef du protocole du fils du président et un agent administratif d'une société pétrolière locale. Les investigations telles que la perquisition au domicile auraient montré que le fils du président occupait l'hôtel particulier avec

1. « Le fils du président du Congo est soupçonné d'avoir blanchi 19 millions d'euros en France », *Mediapart*, 18 août 2022.

sa famille. Elles auraient établi également que la valeur de ce bien outrepassait très largement les revenus officiels de son propriétaire. Comment avait-il été financé ?

Les soupçons se sont portés sur les revenus du pétrole, des cargaisons entières étant vendues en dessous des prix du marché à l'une des sociétés de l'homme de main du clan Sassou, ce dernier les revendant ensuite au prix réel sur les marchés internationaux. Des commissions auraient été versées à une société Hong Kongaise bénéficiant au fils du président. Une société de *trading* suisse est également soupçonnée de lui avoir versé des commissions. L'avocat du fils Sassou conteste non seulement les faits, mais remet aussi en cause l'intervention même de la justice parisienne. Il estime l'enquête « indécente, choquante et invraisemblable. Après le colonialisme et l'esclavagisme, qui sommes-nous en France pour jouer les redresseurs de torts en Afrique ?[1] ». Il s'insurge de ce qu'il désigne comme une « tentative de déstabilisation politique d'un pays étranger[2] ».

Mediapart dénonçait dès 2013 les dépenses « shopping indécentes » de la famille Sassou N'Guesso, soit 7,7 millions d'euros pour l'achat de « montres, bijoux, chemises, costumes et autres[3] ». Une bonne partie de ces dépenses auraient été réglées en espèces ou grâce à des comptes *offshore*. L'enquête révèle l'existence de sociétés-écrans basées

1. *Ibid.*
2. *Ibid.*
3. « À Paris, le shopping de la corruption du clan Sassou Nguesso », *Mediapart*, 11 octobre 2013.

dans l'île Maurice, aux Seychelles, dans les îles Marshall, à Hong Kong... Rappelons que le Congo-Brazzaville est l'un des pays les plus endettés référencés par la Banque Mondiale. La moitié de la population vit sous le seuil de pauvreté alors que le pays dispose d'une manne pétrolière.

Un autre procès public s'est tenu à Paris visant Rifaat Al Assad, oncle de Bachar Al Assad, pour blanchiment et détournement de fonds publics au détriment de l'État syrien. Rifaat Al Assad, homme politique alors important en Syrie, est rentré en litige, au début des années 80, avec son frère au pouvoir, Hafez, père de Bachar. Suite à ce différend, il a quitté son pays en 1984 pour vivre en Europe, en Suisse, puis en France et à Londres.

Ce n'est que bien plus tard, en 2014, suite à la plainte d'une association anticorruption, Sherpa, visant les circonstances de l'acquisition de son patrimoine, qu'il devait être poursuivi à Paris.

La Cour de Paris l'a condamné à une peine de quatre années de prison. Il s'est soustrait à l'exécution de cette peine en partant se réfugier en Syrie. La décision judiciaire, publique, relève que son départ de Syrie en 1984 avait été négocié contre le versement de 300 millions de dollars, dont 200 provenaient des caisses de l'État syrien et 100 d'un prêt accordé par la Libye. La Cour a ordonné la confiscation des biens saisis, estimés à 90 millions d'euros, à savoir des appartements à Paris notamment avenue Foch, mais aussi un bien immobilier à Londres acquis par une société des Îles Vierges Britanniques pour le prix de 29 millions d'euros. La Cour relève que ces biens sont au nom de sociétés immatriculées pour un grand nombre d'entre elles « dans des paradis fiscaux complètement opaques dans les années 80 et encore peu transparents aujourd'hui ». Figurent ainsi Curaçao (Antilles néerlandaises), le Liechtenstein et Panama. Des comptes ont également été ouverts à Gibraltar. La justice espagnole a emboîté le pas de la justice française et saisi un patrimoine évalué à 695 millions d'euros situé pour une large part à Marbella.

Par ailleurs, une autre enquête est en cours en Suisse contre Rifaat Al Assad. Elle fait suite à une plainte déposée par une association pour son implication supposée, en sa qualité de chef des forces d'élite de la sécurité intérieure, les Brigades de Défense, dans le massacre de Hama en Syrie en 1982 visant une insurrection islamiste (d'aucuns surnomment l'homme « le boucher de Hama »).

Si la justice s'intéresse depuis la plainte de l'association Sherpa au frère du dictateur syrien, jusqu'alors, Rifaat Al Assad séjournait en Europe avec la bénédiction des pouvoirs publics. Il s'était même vu remettre la Légion d'honneur (grand officier) sous la présidence de François Mitterrand en 1986. À l'époque, le pouvoir politique se souciait peu de la situation personnelle des ex-dirigeants réfugiés en France, comme ce fut le cas avec Jean-Claude Duvalier.

La pérennité de la corruption internationale

Ces différents dossiers de biens mal acquis traités par la justice parisienne innovent, car ils visent des personnes proches du pouvoir en place dans leur pays. Les précédents, qui concernaient les présidents Marcos, Abacha, Ben Ali ou Moubarrak visaient à l'inverse des dictateurs déchus. C'est donc une avancée significative qui vient d'être réalisée. Seuls des proches de chefs d'État peuvent cependant être poursuivis tant qu'ils sont en exercice, puisque l'immunité protège ces derniers.

Ces saisies interviennent toutefois tardivement, et ce pour deux raisons. Tout d'abord les faits ne sont révélés à la justice que des années après leur commission. C'est vrai pour les présidents Marcos, Abacha, Ben Ali ou Moubarrak, mais aussi pour l'oncle du président Assad. De plus, les investigations sont longues, les juges devant bien souvent remonter des circuits passant par des sociétés et des comptes ouverts dans des paradis fiscaux plus ou moins coopératifs. Pourtant ce sont des pas en avant considérables qui ont été réalisés depuis les années 80. Jusqu'alors, l'impunité des potentats était totale. Leurs proches ne peuvent plus se considérer comme étant à l'abri de toute poursuite. Le fait même que des saisies interviennent constitue une innovation. Il faut espérer que ce type de procédure se renouvelle et que d'autres dictateurs corrompus, qui règnent aujourd'hui, puissent être poursuivis, fût-ce à travers leur famille ou leurs proches, et ce même lorsqu'ils exercent le pouvoir.

La justice helvétique, comme la justice française, joue un rôle pilote. Ces deux pays ont accueilli dans un premier temps des fonds (la Suisse) ou accepté en fermant les yeux des investissements immobiliers (la France). L'une et l'autre, bien que très ponctuellement, ont réagi lorsque la question de l'origine des fonds s'est posée. Ce n'est certes qu'une goutte d'eau dans la mer. Mais pourquoi les autres places restent-elles totalement passives ? Londres est un lieu de placement privilégié, prisé et recherché. Des fortunes occultes y sont investies après avoir été blanchies à Singapour ou Dubaï. Pourquoi plus particulièrement ces deux pays ? Tout simplement parce que ni la police ni la justice ne déclenche dans ces deux places financières d'enquêtes concernant l'argent placé par les proches des dictateurs ayant préalablement blanchi leur argent dans d'autres établissements bancaires. Que dire des États-Unis qui pérorent dans les instances internationales en faisant valoir les sanctions financières astronomiques qu'ils infligent aux entreprises ou banques internationales se livrant à la corruption ou transgressant les embargos imposés par les États-Unis dans le monde, tout en accueillant éhontément des autocrates et leur famille ?

Il est vrai qu'ils ont été en avance dans leur législation réprimant la corruption internationale. Ce sont eux qui sont à l'origine de la Convention de l'OCDE de 1997 engageant les pays à réprimer la corruption commise à l'étranger. La France ne l'a ratifié qu'en 2000, ce qui signifie que jusqu'alors, une entreprise française pouvait corrompre un agent public étranger sans encourir la moindre sanction. Les commissions versées en marge de contrats d'armement ou pétroliers étaient même fiscalement déductibles dès lors qu'elles étaient déclarées à Bercy. L'impunité était assurée tant aux corrupteurs qu'aux corrompus dans la plupart des pays du monde jusqu'à la fin des années 90.

Les États-Unis, qui répriment la corruption internationale en vertu du FCPA (*Foreign Corrupt Practices Act*) depuis 1977, font figure d'exception. Ils ont longtemps fait valoir que la plupart des pays occidentaux ne réprimaient pas ce type d'agissements, mais ce n'est que vingt ans plus tard qu'ils ont été entendus. Ils ont alors réussi à exporter leur législation en la matière. Il était légitime qu'ils demandent et obtiennent que leur dispositif soit étendu aux autres pays et à leurs entreprises.

Comment expliquer cependant la protection qu'ils accordent à des dictateurs déchus ? Pourquoi font-ils prévaloir d'autres enjeux, politiques, sur leur volonté (du moins affichée) de lutter contre la corruption ? Cette incohérence est révélatrice de l'absence d'une réelle volonté de lutter contre la corruption.

CHAPITRE 6
La criminalité organisée s'incruste sans états d'âme

Lorsqu'on parle de fraude fiscale, la corruption s'associe souvent au crime. L'épisode des Malta Files l'aura montré. Dans cette affaire, la journaliste Daphne Caruana Galizia, qui enquêtait sur des malversations, a été assassinée le 16 octobre 2017 lors de l'explosion de sa voiture piégée. Elle dénonçait entre autres les agissements d'un affairiste, lié au Premier ministre, qui vendait la nationalité maltaise pour plus d'un million d'euros. Son cabinet proposait sept nationalités, toutes à vendre, sur son site internet[1]. Mais le lien entre fraude fiscale, corruption et criminalité ne s'arrête pas là. Les paradis fiscaux accueillent des fonds blanchis de toute part… Les organisations criminelles l'ont compris depuis plusieurs décennies : il est bien plus avantageux de détenir des comptes bien garnis dans des

1. « Scandale à Malte après les premières révélations du "Projet Daphne" », *Le Monde*, 19 avril 2018.

paradis fiscaux que des espèces à la maison. Ainsi à l'abri, les fonds sont hors de portée des perquisitions. Après l'avoir blanchi, elles recyclent cet argent en procédant à des investissements dans l'économie légale.

Des paradis pour les narcotrafiquants et les mafieux

Dans son livre *Les Narcos français brisent l'omerta*, Frédéric Ploquin livre le témoignage de trafiquants[1]. Ceux-ci expliquent comment ils récupèrent, lors de la vente de drogue, de grosses sommes en espèces qu'il leur faut blanchir et recycler dans l'économie. L'un d'eux résume ainsi la situation :

« Tu achètes un commerce, le kebab du coin. Il génère 2 000 euros de chiffre d'affaires, mais tu déclares 40 000 euros. Si tu veux quelque chose de plus durable et que tu disposes de sommes plus importantes, tu te tournes vers les paradis fiscaux, les Caraïbes par exemple. Le but n'est pas d'échapper à l'impôt, mais de réinsuffler l'argent dans l'économie légale pour pouvoir en profiter. Les banquiers installés dans ces îles ne refusent pas l'argent. Sale ou pas, ils comptent. Si tu arrives avec 5 millions en liquide, c'est une grosse somme, même pour eux. Le banquier va être bien vu de sa hiérarchie, c'est ce qui compte. Tu t'engages à laisser l'argent sur ton compte pendant trois ou quatre ans, tu achètes des

1. *JDD* du 31 janvier 2021.

SICAV[1] locales, des actions ou des obligations. Trois ans plus tard, la banque a pris sa commission et l'argent est à toi, lavé. »

Les trafiquants de drogue disposent à la base de liquidités. Un dealer vend de petites quantités à des consommateurs, réglées en espèces puisqu'il s'agit d'une activité prohibée. Puis, l'argent des dealers arrive entre les mains des responsables du trafic. Ce sont des sommes élevées, qui dépassent le montant du chiffre d'affaires, fût-il artificiellement majoré, du « kebab du coin ». Or, ces trafiquants doivent eux-mêmes régler l'importateur, lequel à son tour doit payer son fournisseur étranger.

Prenons le cas d'une drogue importée par bateau du Maroc. Gibraltar joue traditionnellement le rôle de plaque tournante du trafic. C'est une étape obligée pour les trafiquants. D'importantes sommes en liquide passent de mains en mains avant d'atterrir sur des comptes ouverts au nom de l'exportateur marocain et de ses acolytes. Les banquiers ferment les yeux et acceptent, sans sourciller, des dépôts d'argent liquide conséquents. Des lois anti-blanchiment ont cependant freiné ce processus bien huilé en limitant les dépôts et retraits d'espèces sur les comptes bancaires. Aussi des techniques plus élaborées et moins risquées ont-elles été mises au point pour les contourner.

Revenons à nos dealers et au responsable du trafic. Supposons qu'ils opèrent en région parisienne. Comment utiliser des espèces collectées sans qu'elles apparaissent

1. Société d'investissement à capital variable.

sur un compte bancaire ? Il est évidemment exclu que le détenteur des fonds les dépose sur un compte en France où des dispositifs sont en place pour détecter des opérations suspectes. Aussi a-t-il ouvert un compte en Suisse, géré par une société fiduciaire. Celle-ci va se charger de réaliser des opérations de compensation avec un autre de ses clients, évitant tout dépôt et retrait. Le mécanisme de ce type d'opérations est simple. Le trafiquant de drogue dispose de 100 000 euros ; un autre client de la fiduciaire, un chef d'entreprise, a un compte suisse et souhaiterait utiliser son argent en récupérant des espèces à Paris. Il n'aura pas besoin de venir les chercher et courir des risques inutiles lors d'un passage à la douane franco-suisse. Un correspondant de la société fiduciaire va se faire remettre les 100 000 euros par le trafiquant, prendre le métro et les porter au chef d'entreprise. Dans le même temps, la société va réaliser sur les comptes de ses deux clients l'opération inverse : elle crédite le compte du trafiquant de 100 000 euros et débite celui du dirigeant d'un même montant. Elle prend sa commission au passage. Bien entendu, les deux bénéficiaires de l'opération ne se connaissent pas.

Après avoir opéré avec la fiduciaire plusieurs opérations de ce type, le trafiquant de drogue va régler l'importateur de drogue. Il lui suffira d'ordonner un virement au débit de son compte suisse, par exemple d'un million d'euros, en faveur du compte de l'importateur, qui peut être un compte à Singapour ouvert au nom d'une société panaméenne dont il est le bénéficiaire. Puis ce dernier ordonnera à son tour un virement équivalent en faveur de l'exportateur marocain sur un compte détenu par ce dernier (via une société *offshore*) à Gibraltar.

Les paradis fiscaux sont ainsi devenus le réceptacle de fonds issus de trafics de drogue. Les règlements sont exécutés en toute discrétion et sans transport transfrontalier afin de minimiser les risques. Bien évidemment, des opérations similaires interviennent au Panama ou aux îles Caïmans pour les trafiquants américains.

Les organisations mafieuses ont elles aussi su tirer parti des places *offshore*.

Dans les années 1960, des réseaux qui blanchissent l'argent du crime organisé sévissant aux États-Unis quittent les casinos de Cuba, suite à la révolution castriste, pour se réfugier aux Bahamas[1]. L'immobilier de luxe y prospère et permet de recycler l'argent de la drogue et des réseaux criminels. Puis l'argent repart en Suisse. L'économie des Bahamas se développe, gangrénée par l'argent du crime organisé.

Le 23 mai 1992, alors qu'il luttait contre la mafia sicilienne, Cosa Nostra, le juge Falcone, sa compagne et trois gardes du corps sont assassinés. Ces meurtres, suivis de celui du juge Borsalino deux mois plus tard, suscitent une vive réaction en Italie et de grands procès visant les chefs de l'organisation s'ensuivront sur le fondement de déclarations de repentis. C'est un véritable séisme pour Cosa

1. Alain Deneault, *Paradis fiscaux : la filière canadienne*, Écosociété, 2014.

Nostra. Malgré cette épreuve, la mafia se relèvera et continue aujourd'hui de prospérer. Ses avoirs, qui constituent son trésor de guerre, n'ont jamais pu être totalement saisis, grâce aux montages élaborés dans les paradis fiscaux. Les mafias sévissent non seulement en Sicile et dans le sud de l'Italie, mais aussi au Mexique, en Colombie, au Japon, en Russie… Et ont recours aux places *offshore* pour recycler l'argent amassé et l'investir ensuite, une fois blanchi, dans l'économie.

Actuellement, analyse ainsi un haut magistrat italien, « Cosa Nostra est très active dans l'économie légale à travers des entreprises qu'elle dope avec l'argent sale[1] ». Les mafias ont bien compris les avantages présentés par les paradis fiscaux, notamment l'opacité et le secret. Les virements par internet sur des comptes exotiques ont remplacé le transport d'importantes sommes d'argent. Les risques sont atténués et le traçage des fonds par les enquêteurs est rendu plus complexe.

La criminalité sociale et environnementale

La justice ne se penche sur la question que depuis peu, mais les atteintes à l'environnement sont devenues l'un des thèmes majeurs de notre époque. Les médias et l'opinion publique commencent à s'y intéresser car elles prennent des proportions inquiétantes. Les écocides coïncident souvent avec la fraude ou l'évasion fiscale.

1. « Trente ans après les attentats : en Italie, la lutte fatale contre la mafia », *Libération,* 29 mai 2022.

Des trafiquants exploitent des ressources au mépris total des règles du travail en vigueur dans le pays concerné et en faisant fi de l'environnement.

Prenons l'exemple des téléphones portables. Pour les fabriquer, des minerais rares sont extraits de mines dans des circonstances inacceptables, en particulier en Afrique. Des enfants sous-payés sont requis pour creuser dans les mines dans des conditions déplorables. L'activité minière entraîne des dégâts environnementaux graves, *a fortiori* dans le cas d'activités minières illégales. Ces dégâts environnementaux affectent au premier chef les populations les plus pauvres du pays, notamment dans les communautés dont sont issus les travailleurs. Enfin, la fraude fiscale y est importante et les autorités, souvent corrompues, ne réagissent pas et même, protègent les criminels au motif que l'activité génère des bénéfices immédiats pour le pays.

Tel est le cas des mines de Rubaya, qui appartiennent majoritairement à la même entreprise. Situées au Nord-Kivu, à l'est du Congo, elles sont riches en coltan. L'existence de cette richesse naturelle, précieuse car elle entre dans la fabrication des téléphones portables, n'empêche pas ce pays de rester l'un des plus pauvres du monde. Les travailleurs sont surexploités et perçoivent un salaire de misère pour un travail harassant et même dangereux.

Bien sûr, cette exploitation génère des sommes d'argent considérables, mais aussi et surtout, des dégâts environnementaux et des souffrances humaines.

Un rapport d'expert de 2015, présenté au Conseil de Sécurité de l'ONU, explique ainsi que de grandes quantités du minerai extrait sont transportées en contrebande, notamment dans le pays voisin du Rwanda, au profit de sociétés commerciales régionales et internationales dans un pays corrompu. Où va l'argent ? Qui perçoit les bénéfices des trafics ?

Trafiquants et contrebandiers agissent dans la plus totale illégalité et disposent de ressources occultes majeures, qu'ils recyclent dans des paradis fiscaux. Ce sont des centaines de millions de dollars qui sortent des caisses de l'État. Comment expliquer la misère persistante de la population alors que les ressources sont considérables, si ce n'est par la corruption des élites qui engrangent des richesses dans ces mêmes paradis fiscaux ? Comment expliquer l'inaction des États face à des crimes écocides de grande ampleur ?

On peut aussi évoquer les pays africains producteurs de pétrole dont les dirigeants amassent des fortunes blanchies en Suisse ou ailleurs au détriment des habitants qui continuent à vivre sous le seuil de pauvreté.

La pollution maritime est un autre exemple significatif de l'intervention néfaste des places *offshore*. Les Bretons ont en mémoire le naufrage de l'*Erika*, navire pétrolier, en décembre 1999, générant une pollution pétrolière désastreuse. Les experts ont conclu à la rupture d'une cloison interne entre deux citernes du fait de corrosion d'oxydation « et de détachement de plaques de rouille ». Les fissures se sont propagées sur la coque et le navire, conçu en 1975, s'est ainsi cassé. Selon les experts, le naufrage était dû à un défaut d'entretien du navire, les autres facteurs tels que la houle étant secondaires. Or, le bâtiment était immatriculé dans un paradis fiscal dont la législation est inadaptée, et qui a changé au gré du vent : le bateau a arboré successivement le pavillon panaméen et le drapeau du Libéria avant de se réfugier à Malte. Pourquoi les États tolèrent-ils que de telles cargaisons soient effectuées dans des bateaux domiciliés dans des paradis fiscaux ?

Déjà en 1978, un pétrolier immatriculé au Libéria, l'*Amoco Cadiz*, s'était échoué au large du Finistère Nord, à Portsall, libérant 223 000 tonnes de pétrole brut, suite au dysfonctionnement de son gouvernail. Or, le Libéria est un paradis fiscal qui offre des pavillons de pure complaisance. Les armateurs choisissent ce pays non pas parce qu'ils y ont des attaches ou une activité économique, mais parce qu'ils y bénéficient de l'absence de réglementation et de fiscalité.

Le Libéria est aussi l'un des dix pays les plus pauvres du monde. 200 000 personnes ont trouvé la mort durant les guerres civiles ayant sévi de 1989 à 2003. La barbarie y a atteint des sommets. Ces guerres ont plongé le pays dans le chaos.

La complaisance des paradis fiscaux permet à de nombreuses entreprises de contourner des lois destinées à protéger l'environnement.

CHAPITRE 7
Sociétés-écrans et *trusts* : des faux-semblants

Au cours des dernières pages, nous avons, à plusieurs reprises, évoqué ces deux outils incontournables. Prenons le temps d'y revenir, car la compréhension de ces mécanismes est indispensable pour réellement saisir le fonctionnement des paradis fiscaux.

Des cabinets spécialisés dans le montage des sociétés-écrans

Normalement, la vocation d'une société consiste à exercer une activité économique, de quelque nature qu'elle soit. Or, de nombreuses sociétés, utilisées comme simple écran, n'ont d'autre finalité que de masquer l'identité de leurs bénéficiaires et d'enregistrer des opérations fictives.

En surfant sur internet, je suis tombé sur le site éloquent d'une société de conseils luxembourgeoise résumant parfaitement le rôle d'une société-écran :

« Notre société est spécialisée dans l'immatriculation de sociétés offshore et fournit l'intégralité des services y afférant, comprenant entre autres les nominees, la gestion administrative et les relations avec les administrations locales. Le terme *offshore* est une expression anglaise pouvant se traduire par "au-delà des côtes". Par analogie, une société *offshore* est une entreprise immatriculée dans un pays dont l'activité économique ne s'exerce pas sur ledit territoire. Il est fréquent que les sociétés *offshore* aient leur siège social dans un paradis fiscal, c'est-à-dire dans un pays où la fiscalité est réduite, voire forfaitaire. »

Le même site va jusqu'à énumérer les avantages de ces sociétés : « optimisation fiscale tant au niveau sociétaire que personnel, anonymat total garanti, protection de patrimoine, absence de comptabilité. »

Ainsi toute personne soucieuse de mettre à l'abri et de faire fructifier d'importantes ressources occultes peut-elle se rendre dans ce cabinet luxembourgeois. Elle pourra, avec l'aide de cette fiduciaire, placer ses avoirs au nom de sociétés-écrans dont elle sera la seule et unique bénéficiaire.

J'ai en mémoire les déclarations d'un comptable spécialisé dans la fraude à la TVA, poursuivi devant le tribunal correctionnel puis condamné. Ce dernier a détaillé à l'audience, publique, les pratiques en vigueur dans une place *offshore* située en Asie, Hong Kong. Elles sont révélatrices sur les opportunités qu'offrent les places financières asiatiques à un moment où les lois anti-blanchiment prospèrent en Europe. Ce comptable disposait de comptes à

Hong Kong au nom de sociétés immatriculées dans les Caraïbes. Comment avait-il procédé ?

Il a raconté qu'il travaillait pour le compte d'un fraudeur à la TVA d'envergure qui lui avait demandé, compte tenu de ses connaissances, de créer un réseau de sociétés fictives disposant de comptes à Hong Kong afin de les utiliser sans jamais apparaître nulle part.

Pour remplir sa mission, ce comptable recrutait des gérants de paille en banlieue parisienne, des personnes au chômage, aux faibles ressources. Il leur proposait de venir avec lui à Hong Kong pendant 2 ou 3 jours, sans aucun frais (tout étant pris en charge, avion, hôtels et restaurants) et de les rémunérer (quelques centaines d'euros en espèces) s'ils acceptaient de lui remettre sur place leur carte d'identité (ou leur passeport).

Le comptable est ainsi allé à plusieurs reprises, dans les années 2004-2007, à Hong Kong en étant accompagné lors de chaque voyage d'un « gérant ». Tous deux se rendaient le premier jour dans les locaux d'une officine où ils achetaient une société des Îles Vierges Britanniques. La personne recrutée par le comptable était désignée comme le bénéficiaire de cette société.

Comment une officine établie à Hong Kong peut-elle disposer de sociétés immatriculées dans les BVI ? Tout simplement parce qu'elle en a fait l'acquisition auprès de cabinets spécialisés sur place du type Mossack Fonseca.

Quant à l'officine de Hong Kong, elle en tire profit puisqu'elle revend les sociétés fictives à un prix plus élevé. C'est un commerce lucratif, parfaitement toléré par les autorités locales. Une société des BVI pouvait ainsi être revendue 10 000 dollars ou 20 000 dollars. Une bagatelle pour celui qui met en place un trafic frauduleux portant sur des millions d'euros, voire des dizaines de millions comme ce fut le cas pour la fraude dite « carbone » qui s'est développée en France en 2008-2009. Les États européens furent à cette occasion spoliés de plus de 5 milliards d'euros. D'aucuns l'ont qualifié d'« escroquerie du siècle ». La plupart des fraudeurs ont eu recours à de multiples sociétés des BVI disposant de comptes ouverts à Hong Kong.

Mieux encore, l'officine de Hong Kong qui vend la société des BVI propose également à son client de lui fournir, moyennant rétribution sous forme de frais annuels, une adresse de domiciliation à Hong Kong et même, si le client le souhaite, un secrétariat susceptible de prendre les appels téléphoniques. Ce bureau virtuel permet au client de faire croire à l'existence de la société et à une activité réelle sur place. Tout est fondé sur les apparences. Si un jour un inspecteur des impôts enquêtant sur la fraude fiscale appelle la société à ce numéro, il tombera sur une secrétaire qui lui répondra. Elle pourra en informer le fraudeur. Ce dernier pourra alors poursuivre son activité en utilisant une autre société des BVI.

Ainsi une société des BVI pouvait-elle être achetée clefs en main à Hong Kong, auprès d'une officine, par n'importe quelle personne intéressée sans que l'acheteur n'ait jamais été dans ces îles des Caraïbes. L'agence hongkongaise fournit les statuts, le nom d'un administrateur, les certificats d'actions. Il suffit ensuite à l'acquéreur de cette société de se présenter dans une banque de Hong Kong pour y ouvrir un compte. Un tel système ne peut être mis en œuvre que dans des places financières particulièrement tolérantes et bienveillantes à l'égard des fraudeurs, et peu respectueuses des lois anti-blanchiment.

LES *TRUSTS*, PURE CRÉATION ANGLO-SAXONE

Cet outil perfectionné permet quant à lui de mettre son argent à l'abri *tout en continuant à en bénéficier.*

Un *trust* est une entité qui existe indépendamment de celui qui l'a créé et en bénéficie. Il permet à une personne fortunée, appelée le *settlor*, de se dessaisir de ses biens au profit du *trust*, d'en confier la gestion à un cabinet, le *trustee*, tout en continuant à en jouir. Créé au Moyen-Âge, le *trust* permettait à des chevaliers partant en croisade de confier leurs biens à un tiers de confiance, le *trustee*, lequel devait les gérer en leur absence en « bon père de famille ». À son retour, le chevalier récupérait ses biens.

Un *trust* repose donc sur un contrat entre le *settlor* et le *trustee*. Les bénéficiaires du *trust* peuvent être le *settlor*, mais aussi toute personne qu'il aura désignée en le constituant. Ce peut par exemple être le cas de son épouse ou de ses enfants. Ce type d'entité existe depuis longtemps dans les pays anglo-saxons. Ils se sont évidemment multipliés dans les paradis fiscaux dépendant de la Couronne britannique, qu'il s'agisse des îles anglo-normandes ou des Caraïbes (îles Caïmans…). Le *trust* est aujourd'hui utilisé pour réaliser de l'optimisation fiscale. C'est aussi un outil successoral. C'est enfin un recours pour frauder ses créanciers, car le *trust* permet au *settlor* de mettre ses biens à l'abri de toute poursuite.

Encore une fois, ici, tout repose sur la confiance. C'est d'ailleurs la signification du mot *trust* en anglais. Une personne fortunée peut ainsi remettre à un *trust* une villa ou un appartement à Londres. L'avantage, c'est que non seulement cette personne n'apparaît plus comme le propriétaire des biens, mais surtout *elle n'en est plus* propriétaire. Les biens sont littéralement sortis de son patrimoine.

Ainsi, de longue date, des fortunes ont investi les *trusts*, créés aux États-Unis ou en Grande-Bretagne. Les banquiers de ces pays ont opéré une délocalisation après-guerre en domiciliant des *trusts* dans des îles, comme les îles Caïmans ou les îles anglo-normandes, qui se sont transformées peu à peu en paradis fiscaux, offrant une absence d'imposition et une totale opacité. Toutefois, bien souvent, les banquiers américains et de la City ont conservé la main et continué à gérer les fonds à distance. Ce n'est cependant pas toujours le cas, des cabinets spécialisés et des filiales bancaires performants s'étant développés aussi bien aux îles Caïmans que dans leurs homologues anglo-normandes, établies à Jersey, Guernesey ou l'île de Man. Cet instrument, comme les sociétés *offshore* ou les fondations du Liechtenstein, est devenu avec la mondialisation de l'économie très prisé et connaît un développement certain.

LES *TRUSTS* SONT DES VECTEURS DE FRAUDE

Les enquêtes sont souvent tenues en échec par l'apparition de *trusts*. De nombreux fraudeurs ont recours à des *trusts* où ils logent leur fortune afin d'échapper non seulement à l'impôt, mais aussi aux poursuites pénales. Voilà encore une pratique non seulement tolérée, mais aussi apparemment parfaitement légale. En réalité inacceptable. Pourquoi ? Parce que le *trust* est une entité distincte du propriétaire du bien. Il suffit à un fraudeur de confier son patrimoine à un *trust* pour le rendre insaisissable... Ici, la fiction l'emporte sur la réalité.

D'aucuns me taxeront d'inquisiteur. Des avocats m'ont expliqué de façon récurrente que le transfert d'actifs de leurs clients à des *trusts* était normal et classique. Soucieux de saisir appartements et villas, je ne pouvais répondre à cet argument qu'en leur posant la question suivante : pourquoi effectuer un montage compliqué et coûteux ? Je me souviens en particulier d'un avocat américain dont j'avais convoqué le client dans un dossier de détournement de fonds. Il s'étonnait de mes questions et me fit observer que celui-ci avait tout à fait le droit de créer un *trust* et que ce *trust* pouvait acquérir une villa, fût-elle en France, sans qu'il n'y ait rien à redire. « Bien sûr, lui répondis-je (presque à court d'arguments), mais vous et moi, lorsque nous achetons un bien immobilier, nous le réalisons à notre nom. Il en va de même de la plupart des citoyens, ils agissent en leur nom propre, à visage découvert. S'ils ont recours à une SCI, ils en sont avec leurs proches les détenteurs de parts. Ils sont donc parfaitement identifiés. Alors pourquoi utiliser un *trust* ? » L'avocat m'expliqua que c'était mon droit (et celui de tout citoyen), mais que c'était aussi le droit de son client de recourir à un *trust*... Ce n'est pas interdit, donc où est le problème ? Dialogue de sourds.

Pourtant je persiste : pour quelle raison une personne fortunée n'ayant *a priori* rien à se reprocher ressent-elle le besoin de constituer un *trust* pour acquérir une villa ou un appartement parisien ou londonien ? Pour mettre à l'abri l'argent investi car il provient d'une fraude fiscale, de fonds détournés de l'entreprise qu'elle dirige ou, pire, d'un trafic de drogue ? Pour assurer à ses héritiers, lorsqu'ils sont déclarés bénéficiaires du *trust*, la transmission de cette villa ou cet appartement à son décès sans que ses héritiers versent quelque droit de succession que ce soit ? Pour contourner les règles successorales et s'assurer que le bien soit transmis à son décès à sa maîtresse ? Le fait est là : la villa et l'appartement sont sortis de son patrimoine. C'est un choix délibéré de cette personne qui a eu recours à un conseiller spécialisé pour effectuer le montage. Elle y trouve nécessairement son intérêt, qui est *a minima* d'ordre fiscal.

Dans tous les cas de figure, le but est d'éluder les règles qui s'appliquent à l'ensemble des citoyens qui contribuent à l'effort collectif que représente le paiement de l'impôt. Y échapper constitue un véritable privilège. Si le concept de *trust* pouvait se justifier du temps des guerres médiévales, cet outil du passé devrait disparaître, tant son mode opératoire va à l'encontre du bon fonctionnement de nos sociétés modernes.

Mais l'expérience montre que les motivations d'ordre fiscal ne sont pas les seules qui conduisent une personne à placer sa fortune dans un *trust*. Outre son intérêt fiscal, un *trust* permet aussi à des personnes corrompues ou des trafiquants de drogue de masquer leur patrimoine et de les blanchir dans des paradis fiscaux. Des mafieux placent aussi leurs avoirs dans des *trusts*. Il est ainsi utilisé par des délinquants d'envergure pour organiser leur insolvabilité.

Le fait de placer ses avoirs dans un *trust* et de se soustraire à divers impôts constitue-t-il de la fraude fiscale ? La question est actuellement débattue devant les tribunaux.

Là encore, ce qui était toléré autrefois l'est beaucoup moins aujourd'hui. L'idée que cette forme d'optimisation fiscale puisse être assimilée à de la fraude progresse. En témoigne l'affaire Wildenstein jugée à Paris, opposant le fils du marchand d'art Daniel Wildenstein à sa belle-mère qui considère qu'elle a été spoliée lors de la succession de son mari. C'est ce conflit entre héritiers qui est à l'origine de ce dossier. L'épouse du défunt estime que des avoirs très importants ont été dissimulés lors de la succession.

La fortune en question serait globalement comprise entre 5 et 10 milliards d'euros[1]. On y trouve des œuvres d'art (notamment 19 tableaux de Bonnard), des hôtels particuliers, un ranch au Kenya… Bercy s'estime lésé,

1. « L'(in)fortune fiscale de la famille Wilderstein », *Les Échos*, 8 septembre 2015.

les biens logés dans les *trusts* ayant échappé aux droits de succession. Mais compte tenu de l'ancienneté des faits et pour des raisons liées à l'absence de réglementation, une relaxe est intervenue devant les tribunaux appelés à statuer. Cependant, suite à une décision de la Cour de cassation, l'affaire doit revenir devant les juges.

En définitive, quelle que soit sa finalité, un *trust*, utilisé dans un schéma frauduleux, joue un rôle clé. Une société panaméenne permet de ne pas faire apparaître aux yeux des tiers son bénéficiaire, mais une fois démasquée elle n'assure plus de protection. À l'inverse, le *trust* est une entité bien distincte et le *settlor* est protégé par le fait qu'il s'est dessaisi de ses biens à son profit. Le dossier Wildenstein le montre bien : la justice rencontre des difficultés face à une institution anglo-saxonne ancienne et reconnue dans de nombreux pays.

Le point commun entre une société-écran et un *trust*, c'est que ces entités relèvent de la fiction. L'éradication de la fraude internationale nécessite la suppression de tels instruments, totalement artificiels. Une personne morale ou une société doit avoir une réelle activité et ne saurait être utilisée ni pour permettre à son bénéficiaire de se soustraire artificiellement à ses obligations ni pour organiser son insolvabilité. Tant que de tels outils existeront dans la sphère anglo-saxonne et dans les paradis fiscaux, toute lutte contre le blanchiment à l'échelle internationale sera vouée à l'échec.

CHAPITRE 8
Des comptes inaccessibles

Le choix de la banque

Si, dans un montage *offshore*, l'argent appartient à des sociétés panaméennes ou des *trusts*, il faut aussi que des comptes soient ouverts dans une ou plusieurs banques à leur nom. Lesquelles se montrent particulièrement accueillantes.

Le principal critère pour le choix de la banque, c'est sa localisation. Ouvrir un compte au nom d'une société panaméenne dans un établissement bancaire situé en France ne présente aucun intérêt. Le banquier sera dubitatif. De plus, il est soumis à des obligations de dénonciation auprès d'un organisme de contrôle, Tracfin, s'il soupçonne un quelconque acte de blanchiment. Ce type de dénonciation existe dans de nombreux pays, mais les contrôles sont plus ou moins effectifs. Bien évidemment, les paradis fiscaux sont peu regardants.

Il est donc préférable de choisir une banque située (ou disposant d'une filiale) dans un paradis fiscal. En cas d'investigation fiscale ou judiciaire, c'est la législation locale – protectrice – qui s'applique. La discrétion et l'absence de fiscalité sont bien sûr des critères importants. Personne, en dehors d'un cercle très restreint, ne doit connaître le véritable détenteur des fonds. L'absence de registre public centralisé est un élément déterminant : seuls le banquier et la fiduciaire ont accès aux comptes et connaissent le bénéficiaire.

Mais ces conditions préalables ne sont pas suffisantes, il faut aussi des établissements sécurisés. L'argent ne doit pas disparaître. La sécurité suppose un contrôle des pouvoirs publics locaux sur les banques et les fiduciaires. Le pays ne doit pas davantage être soumis à des aléas d'ordre politique. Certes, la sécurité absolue dans le monde *offshore* n'existe pas, mais certains pays présentent des gages. La Suisse ou le Luxembourg par exemple ont une solide réputation. Il en va de même des îles anglo-normandes ou de Singapour.

À l'inverse, certaines places se sont écroulées financièrement alors qu'elles étaient jugées à peu près sûres. C'est le cas de Chypre et du Liban.

L'exemple de Hong Kong

Revenons à notre comptable et son voyage à Hong Kong avec son gérant de paille. Le premier jour, il a donc fait l'acquisition d'une société des BVI. À ce stade, le réseau dont il fait partie possède une société-écran avec un gérant de façade qui seul apparaîtra aux yeux des tiers. Mais il lui faut aussi des comptes bancaires pour y envoyer l'argent de la fraude à la TVA. C'est la raison pour laquelle le deuxième jour, le comptable emmène le gérant dans deux agences hongkongaises de banques de dimension internationale. Ils ouvrent dans chacune des deux banques un compte au nom de la société des BVI. Le gérant de paille, qui a bien appris sa leçon du comptable, explique aux banquiers qu'il entend développer des affaires en Asie avec sa société et, ce qui est courant, qu'il souhaite disposer de comptes dans une place sûre, ce qui était, du moins à l'époque, le cas de Hong Kong. Hong Kong était en effet avec Singapour une place financière stratégique pour les opérations réalisées notamment avec la Chine.

On peut s'étonner de la facilité avec laquelle le banquier accepte d'ouvrir un compte au nom d'une société des BVI à un client qu'il ne connaît pas.

Toujours selon les déclarations du comptable, pour pouvoir réaliser des opérations à distance, via internet, chacun des deux banquiers, lors de cette seule et unique entrevue avec leur client, lui confie un *token*[1] générant

1. Ce peut être un petit boîtier générant ou non des mots de passe, comme c'était le cas en l'occurrence d'après le comptable, ou bien un jeton d'authentification, cryptographique ou non, sur une clé USB ou une carte à puce… Le jeton ne porte pas de nom mais des numéros d'identification et/ou des mots de passe. L'objet en lui-même est petit et peut même s'accrocher en porte-clés.

des codes informatiques sécurisés. Bien entendu, à la sortie de la banque, le comptable se fait remettre le *token* par le gérant de paille. À son retour en Europe, le comptable confie à son tour les deux précieux *token* correspondant aux deux comptes ouverts dans chacune des deux banques à l'organisateur de la fraude. Ce dernier dispose alors de deux comptes ouverts à Hong Kong, au nom d'une société des BVI, qu'il peut librement actionner à distance à l'aide du *token*.

Le comptable a même expliqué qu'il lui était arrivé d'aller à Hong Kong avec deux ou trois gérants lors d'un même voyage. Lorsqu'il avait emmené trois personnes, il revenait avec trois sociétés et six comptes bancaires. De chez lui, l'organisateur de la fraude pouvait ainsi à partir de son ordinateur réaliser toutes les opérations bancaires qu'il souhaitait sur ces six comptes sans jamais apparaître ni pouvoir être identifié. Il pouvait ainsi virer l'argent fraudé sur un premier compte, puis aussitôt le débiter, à distance, en faveur d'un autre compte et ainsi de suite, afin de brouiller les pistes.

Après avoir circulé à Hong Kong, l'argent peut prendre d'autres destinations, vers d'autres places telles que Singapour. Ces multiples comptes constituent autant d'écrans et de protections en cas d'enquête de l'administration fiscale ou de la justice. Remonter la piste de ce type de fraude nécessite des années. Lorsque la justice s'intéressera à ces sociétés qui ont recueilli des millions d'argent fraudés, elle identifiera – du moins dans un premier temps – les gérants de paille, qui n'ont fait que prêter leurs papiers et se rendre une fois à Hong Kong pour le compte d'une personne qu'ils ne connaissent pas particulièrement et dont ils ne pourront, le jour où des enquêteurs les interrogeront, livrer le nom. Ils découvriront alors que les sociétés qu'ils géraient ont été destinataires du produit d'une fraude portant sur des millions d'euros.

Quant aux banques, qui ont vu arriver dans leur agence une personne qu'elles ne connaissaient pas et qui s'est présentée comme le gérant d'une société des BVI qu'il venait tout juste de se procurer, elles ne se sont posé aucune question. Pourtant elles se devaient de le faire car il existe à Hong Kong, comme à Singapour ou en Suisse, une législation anti-blanchiment qui impose aux établissements financiers de signaler à leur organisme de tutelle les opérations qui leur paraissent suspectes. Quelle est l'utilité de telles mesures si elles ne sont pas appliquées et si les manquements ne sont pas sanctionnés ?

Le comportement de ces banques est d'autant plus fautif que ce type de compte fonctionne comme un compte de passage, aussitôt débité des montants crédités. Si un compte est crédité de 100 000 euros le 15 février, il est débité du même montant le 16 février au profit d'un autre compte, lui aussi ouvert au nom d'une BVI, dans une autre banque de Hong Kong (tout aussi complaisante).

J'ai ainsi vu des comptes de ce type voir passer de multiples opérations totalisant en l'espace de quelques mois des dizaines de millions d'euros sans que jamais le banquier ne réagisse. Il suffit cependant de regarder le fonctionnement du compte pour se rendre compte que les opérations ne sont justifiées par aucune transaction commerciale, le principe d'un compte de passage étant de constituer un écran dans un processus parfaitement rodé – et bien connu – de blanchiment. Le principe est simple : à peine arrivé, l'argent repart sur un autre compte.

Face à la réitération d'opérations sans aucune justification économique, les banques auraient dû effectuer des déclarations de soupçon auprès des organes de contrôle de Hong Kong, comme toute législation anti-blanchiment les y contraint. Si elles avaient réagi, ce sont des centaines de millions d'euros, voire des milliards d'euros qui n'auraient pu être détournés des caisses des États européens victimes d'une gigantesque fraude à la TVA.

Un circuit de blanchiment requiert deux instruments : une société *offshore* et un compte ouvert au nom de cette société. Hong Kong offre les deux prestations. Il suffit de s'y présenter et de le demander. L'impunité est assurée par les autorités locales.

Une multiplicité de comptes

Comme le montre ce cas de figure, les fraudeurs d'envergure ne se contentent pas de l'ouverture d'un seul compte. C'est la garantie d'un montage efficace, comme l'avait bien compris le général Abacha évoqué au chapitre 5.

La multiplicité des comptes ne facilite évidemment pas les investigations. J'ai pu le constater à plusieurs reprises dans les enquêtes complexes qui m'ont été confiées. J'ai souvent dû adresser dans la même affaire des demandes de coopération multiples à des collègues officiant dans des pays différents pour mettre la main sur le relevé des opérations réalisées via une société panaméenne par un fraudeur, un escroc, un corrupteur ou autre et de reconstituer les circuits tortueux empruntés par les fonds. Mes collègues devaient à chaque fois adresser des réquisitions à chacune des banques concernées, qui composaient autant de pièces d'un puzzle, afin d'obtenir des relevés de comptes et de la documentation bancaire.

Pour chacun de ces comptes, il fallait déceler l'origine des fonds, leur destination et identifier le bénéficiaire effectif (ou ayant droit économique) du compte.

Pour connaître l'origine des fonds ayant alimenté un compte, il était nécessaire d'analyser les opérations créditrices et de récupérer les Swift[1] et autres pièces permettant de déterminer le compte l'ayant alimenté. Pour la destination des fonds, le regard devait se porter sur les opérations débitrices. Il pouvait s'agir de virements vers d'autres comptes (le plus souvent *offshore*, les fonds circulant d'un compte à l'autre dans le but de brouiller les pistes comme dans notre exemple de Hong Kong). Ce pouvaient être aussi des retraits en espèces. Pour en savoir davantage, il fallait récupérer le reçu gardé par la banque qui en principe (mais pas toujours) indiquait le nom de

1. Society for worldwide interbank financial telecommunication, un réseau de messagerie sécurisé permettant de réaliser des virements bancaires.

la personne ayant retiré l'argent avec parfois la copie de sa pièce d'identité.

Reconstituer un circuit financier de cette nature prend des années. Il arrive que ce soit impossible. En enquêtant sur le volet français d'une affaire de détournements publics russe, j'ai découvert, à ma grande surprise, qu'une banque russe pouvait être créée sans garanties sérieuses et dissoute tout aussi facilement sans conserver de comptabilité. Dans une autre affaire, je n'ai pu avoir accès aux relevés d'une banque aux Bahamas : ils avaient disparu du fait d'un changement de logiciel. J'en ai alors déduit que l'informatique pouvait servir d'alibi à un refus de coopération.

L'exemple de l'affaire Elf

Je me souviens aussi du travail colossal réalisé par un juge genevois et son assistant dans l'affaire Elf, qui portait sur des centaines de millions de francs suisses détournés. Cette affaire a été jugée depuis et l'ensemble des comptes a été analysé en audience publique.

Nous étions en 2001, je venais d'être nommé au pôle financier à Paris et désigné dans l'affaire Elf. Je devais alors découvrir la complexité de certains montages *offshore* et véritablement me rendre compte de l'ampleur des fraudes. La période des faits s'étendait de 1989 à 1992. Elf, importante société pétrolière contrôlée par l'État, possédait de multiples comptes en Suisse. Ce fut une première surprise : comment une société d'État pouvait-elle disposer de comptes en Suisse ? Les dirigeants de l'entreprise en étaient bien entendu parfaitement conscients, mais qu'en était-il du ministère des Tutelles et de l'Élysée ? Le PDG d'Elf rendait en effet des comptes, en particulier sur l'implantation du groupe à l'étranger et ses bonnes relations avec certains pays africains dont les chefs d'État étaient des amis de la France. Elf était au cœur de ce que d'aucuns appellent la Françafrique, avec son lot de secrets et d'argent facile. C'était une véritable affaire d'État.

Il était reproché aux dirigeants d'Elf d'avoir détourné des fonds détenus en Suisse. Je n'oublierai pas les nombreux voyages que je fis en 2000-2001 à Genève pour y voir mon collègue M. Perraudin et son inséparable assistant spécialisé M. Bardola. Jusqu'alors je n'avais eu affaire qu'à des dossiers où apparaissaient de manière ponctuelle des comptes en Suisse ou au Luxembourg. Cette fois-ci, je rencontrais une nébuleuse de comptes où avaient transité des centaines de millions de francs en toute opacité. Ce qu'on appelle une caisse noire.

Nous avons évoqué plus haut l'intérêt qu'avaient certaines entreprises jusqu'au milieu des années 90 à financer de façon occulte des partis politiques afin d'emporter des marchés. C'était le cas en France. Depuis, rappelons qu'un financement public a été mis en place dans un souci de transparence. Cette situation regrettable a perduré à l'international, où certains pays ne délivrent des marchés ou l'accès à des puits de pétrole qu'en échange d'une contribution occulte destinée aux dirigeants du pays, ministre du Pétrole ou chef d'État. La détention par Elf de comptes en Suisse pouvait trouver une forme – bien évidemment contestable – de justification dans la Françafrique.

Ces comptes devaient traditionnellement permettre à la société Elf de s'assurer des bonnes grâces de personnalités afin d'être certaine de conserver l'accès à des matières premières, en l'occurrence le pétrole. Elf s'approvisionnait ainsi au Gabon, au Congo-Brazzaville… Le « Monsieur Afrique » du groupe était bien connu : André Tarallo. Ce dernier était réputé proche du parti gaulliste et de Jacques Chirac. D'aucuns allaient plus loin en affirmant qu'il finançait aussi de longue date ce parti en donnant une partie des fonds du groupe dissimulés en Suisse. Comment procédait-il ? Certainement pas sous la forme de virements laissant des traces, mais, disait-on, en distribuant des liasses de billets provenant de Suisse. Preuve difficile à rapporter.

Je revois Paul Perraudin et M. Bardola arrivant un jour dans mon bureau rue des Italiens et m'apportant tous deux un immense tableau. Il synthétisait sous forme de schémas complexes, avec des couleurs différentes pour identifier chaque opération, les flux d'argent ayant circulé sur des dizaines de comptes ouverts au nom de sociétés panaméennes et autres par le directeur des affaires générales d'Elf, Alfred Sirven.

L'argent circulait dans tous les sens, tout était confus. Les rentrées d'argent provenant d'un volet précis de l'affaire étaient suivies de transferts au débit au profit de bénéficiaires liés à d'autres volets du dossier. Fallait-il y voir la volonté d'Alfred Sirven de brouiller les pistes afin d'empêcher toute reconstitution cohérente des flux? Fallait-il en déduire à l'inverse qu'Alfred Sirven, qui avait ouvert de multiples comptes au nom de plusieurs sociétés panaméennes ou autres sociétés exotiques, prenait l'argent pour le distribuer dans le plus grand désordre au fur et à mesure de ses besoins? Il était lui-même impressionné, comme il l'a confirmé lors de ses procès (publics), par le travail de traque minutieux du juge genevois dont l'assistant avait dû, à force de patience, relier les fils épars et regrouper affaire par affaire tous les flux les concernant. Il n'a d'ailleurs nullement contesté au cours de l'audience l'authenticité des opérations soigneusement analysées et synthétisées sous forme de tableaux en couleurs.

Le travail de mon collègue suisse et de son assistant dans toute cette affaire devait me révéler les méandres complexes suivis par l'argent via de multiples comptes ouverts dans le plus complet désordre. Ces comptes étaient gérés par Alfred Sirven, nommé en 1989 dans le sillage de Loïc Le Floch Prigent, mais il était également apparu que d'autres comptes l'étaient par un ancien de la maison, le « Monsieur Afrique » du groupe, André Tarallo. Celui-ci avait la réputation d'entretenir d'excellentes relations avec des dirigeants africains, notamment Omar Bongo, président du Gabon.

Il ne fut pas contesté que jusqu'à l'arrivée de la nouvelle équipe dirigeante en 1989, M. Tarallo gérait les comptes placés sous sa tutelle dans l'intérêt du groupe. Avait-il ensuite en quelque sorte dérapé avec la nomination de M. Le Floch Prigent en prélevant dans la caisse ? Il soutiendra lors du procès qu'il gérait ces comptes ouverts non seulement en Suisse mais aussi au Liechtenstein, pour le compte d'Omar Bongo avec lequel il avait créé, depuis fort longtemps, une relation de confiance. Il produisit et fit état devant le tribunal d'une lettre de quitus que lui avait délivrée Omar Bongo pour la gestion de ces fonds et qui en dit long sur la nature de leurs liens :

« Je tire les conclusions des réunions que nous avons tenues au sujet des commissions de commercialisation qui sont définies par contrat et qui sont versées par baril exporté. J'exprime ma satisfaction pour la façon dont le travail a été fait dans le passé. Cela m'a permis de décider personnellement de l'utilisation de ces commissions, les affectations aux bénéficiaires étant effectuées dans les meilleures conditions de régularité et d'absolue discrétion. »

Le président gabonais évoque aussi dans cet écrit la liquidation de trois sociétés créées au Liechtenstein à sa demande et à cet effet. Il donne décharge des opérations et sollicite la destruction des documents « qui ne sont pas juridiquement indispensables. Et, avec le concours des avocats, que les dispositions soient prises, dans toute la mesure du possible, pour que personne ne puisse après leur liquidation avoir accès au dossier. »

Quant à Alfred Sirven, il se fera livrer en espèces à Paris 243 millions de francs (l'équivalent aujourd'hui d'environ 55 millions d'euros) en plusieurs années. Grâce à ce système, il n'avait pas à se déplacer physiquement auprès de la banque suisse pour y retirer de l'argent et laisser la copie de sa pièce d'identité au caissier. Il lui suffisait d'appeler son banquier suisse et de solliciter les services d'« Oscar ». Un coursier se chargeait de lui livrer l'argent à Paris dans un lieu et avec un code convenus. La Suisse permettait dans les années 90 ce genre de services. Le client pouvait même être livré à domicile.

J'ai eu la confirmation en instruisant d'autres dossiers qu'il n'existait bien souvent aucun transport de valises de billets entre la Suisse et la France. Nous avons précédemment analysé l'exemple d'une société fiduciaire suisse ayant deux clients et ayant recours à un mécanisme de compensation.

J'ai également découvert que des blanchisseurs se sont aussi spécialisés au cœur de Paris dans la compensation. Ils jouent un rôle analogue à celui de la fiduciaire. Il suffit là encore que leurs clients disposent de comptes *offshore*. Le blanchisseur se charge d'opérer les transferts sur les comptes ouverts à Singapour ou Hong Kong en échange de remises d'espèces à Paris.

Ce procédé laisse peu de traces. Les virements ont lieu dans des places *offshore* et les espèces, collectées par le blanchisseur auprès de l'un pour être remises au second n'entraînent aucun retrait d'argent dans une banque parisienne. À Paris, des réseaux chinois se sont spécialisés dans ce type de compensation. Ils collectent des espèces auprès de commerçants chinois qui réalisent une partie de leur chiffre d'affaires en liquide sans la déclarer. Celui qui souhaite récupérer du liquide à Paris s'adresse au collecteur chinois qui lui donnera les coordonnées bancaires d'un compte ouvert à Hong Kong au nom d'un commerçant chinois. Lors de la remise des fonds, le bénéficiaire des espèces ordonne un virement équivalent sur le compte de Hong Kong du commerçant chinois en débitant son propre compte ouvert en Suisse ou ailleurs. Quant au commerçant chinois, il pourra avec l'argent collecté sur son compte ouvert à Hong Kong ordonner un virement auprès de son fournisseur basé en Chine.

Chacun trouve son compte dans ce type d'arrangement. Ces opérations de blanchiment sont extrêmement difficiles à déceler. Une nouvelle fois, on peut s'étonner de la passivité des autorités financières de Hong Kong face à la complaisance des banques. Ces exemples révèlent que la compensation entre une opération sur un compte *offshore* et une livraison d'espèces préserve l'anonymat et rend presque impossible l'identification par le service enquêteur du bénéficiaire des remises d'argent.

Dans l'affaire Elf, à qui l'argent qu'Alfred Sirven s'était fait livrer en liquide était-il destiné ?

Si Alfred Sirven a gardé lors du procès le silence à ce sujet, son patron, le président d'Elf, a commencé à faire des révélations devant le tribunal. Alfred Sirven risquait des années de prison. C'est l'éternelle question lorsque le destinataire des fonds, qui n'est manifestement pas le seul décideur, hésite à livrer à la justice le nom du destinataire final. Doit-il parler ou, au contraire, ne pas « balancer » le ou les noms des bénéficiaires ? S'il ne parle pas, il risque d'endosser seul la responsabilité des retraits. S'il parle et évoque des faits de corruption, l'allège-t-il véritablement ?

Le PDG d'Elf, qui avait été nommé en 1989 par François Mitterrand, a fait les déclarations suivantes au sujet de cette masse d'argent liquide livré à son collaborateur Alfred Sirven sous sa présidence[1] :

« Les candidats à la présidence de la République avaient un accès direct auprès du Secrétaire général du groupe pour se voir remettre des enveloppes... À mon arrivée à la tête du groupe, les fonds occultes bénéficiaient essentiellement au parti gaulliste, le RPR. Le président (M. Mitterrand) m'a demandé de rééquilibrer les choses au profit d'autres partis, sans toutefois abandonner le RPR ».

Ainsi le président Mitterrand aurait-il, selon le président du groupe, avalisé le système en place en l'élargissant à d'autres partis que le principal parti de droite. Les faits que décrit le PDG d'Elf, s'ils sont vrais, constituent des détournements de fonds. C'est ce qu'on appelle des rétrocommissions. Ce terme signifie que sur les commissions versées par des entreprises ou sur sa propre caisse noire, ou du moins déclarées comme telles et censées l'être, une partie des fonds partis en Suisse ou au Liechtenstein revient en France alimenter les partis politiques. Selon ses déclarations, ce sont les deux principaux partis, de droite et de gauche, qui auraient bénéficié de ces remises d'argent liquide. Ce que décrit M. Le Floch

1. *L'Express,* compte rendu d'audience du 10 avril 2003.

Prigent à l'audience du tribunal constitue une pierre de l'édifice qu'on appelle la Françafrique.

Il est dommage que M. Le Floch Prigent ait gardé le silence, comme d'ailleurs M. Sirven, tout au long de l'instruction car il aurait alors été intéressant d'enquêter sur ce volet du dossier. L'omerta respectée par les dirigeants du groupe, renforcée par le secret défense opposée par les ministres en place sur les destinataires africains, ont fait obstacle à la progression de la vérité. La tardiveté des déclarations sur la destination des espèces revenues de Suisse et leur manque de précision quant aux modalités de leur distribution n'ont pas permis au tribunal d'éclairer cet aspect du dossier.

CHAPITRE 9
Des paradis fiscaux en compétition

Désarmé, je me suis posé des questions en parcourant les vastes étendues de terres inconnues. Comment en est-on arrivé à une telle situation ? Les paradis fiscaux ont une histoire. C'est en grande partie cette histoire qui détermine leur place aujourd'hui. Où se situent-elles sur l'échiquier du monde ? Qui les contrôle ? Pourquoi drainent-elles autant de richesses ?

Les paradis fiscaux ont trouvé le terreau de leur développement dans la mondialisation des échanges, autrement dit, dans la financiarisation de l'économie. L'histoire de cette dernière est plus ou moins controversée. L'essor des paradis fiscaux est lié en premier lieu au développement du marché de ces eurodollars apparus après-guerre lors de la mise en œuvre du plan Marshall[1]. Entre autres

1. Lire à ce sujet : Alain Deneault, *Paradis fiscaux : la filière canadienne*, *op. cit.*

avantages, l'eurodollar permet aux banques de financer multinationales et banques d'investissement. Depuis, des masses considérables de capitaux circulent hors des États-Unis sans régulation. Si la City en a assuré la gestion dans un premier temps, leur afflux l'a conduite à opérer des transferts dans les Caraïbes.

La libéralisation des échanges n'a fait qu'accélérer le processus. Des masses de capitaux de plus en plus importantes circulent à la vitesse d'internet hors de tout contrôle. Il s'ensuit une dérégulation mondiale dont les paradis fiscaux ont su tirer parti.

Le privilège de l'ancienneté

Le Delaware, aux États-Unis, et la City, en Grande-Bretagne ont le privilège de l'ancienneté. Le Delaware tient la corde puisqu'il a innové en allégeant la fiscalité dès les années 1880. Les entreprises américaines s'y sont progressivement domiciliées afin d'éluder l'impôt, plus élevé dans les autres États américains. Mais le Delaware est devancé par la City, qui est une redoutable place financière depuis le XIXe siècle. Elle est devenue le centre d'un vaste empire et a, petit à petit, assuré la gestion de capitaux gigantesques. Ces deux places occupent une position centrale dans le monde anglo-saxon. Leur rôle doit être dissocié, l'une accueillant des multinationales, l'autre étant axée sur la finance internationale.

La Grande-Bretagne, conquérante, a essaimé un peu partout dans le monde en créant de véritables forteresses lui assurant le contrôle des mers. Elle a exporté son système financier. C'est particulièrement vrai en Europe, où des rochers se sont transformés en places *offshore*.

Au large des côtes américaines

Le modèle anglo-saxon, né en Europe et vite adopté par les États-Unis, s'est propagé loin de leurs côtes. Le libéralisme triomphant de la seconde moitié du XXe siècle a essaimé et développé de façon tentaculaire des ramifications *offshore* dans le monde entier.

Au fur et à mesure que la Grande-Bretagne et les États-Unis ont adopté dans leur législation interne des règles tendant vers une transparence accrue, ils ont exporté leur savoir-faire hors de leurs frontières. Leur modèle a inspiré de nombreux États, qui ont pris le relais. Il existe ainsi dans les Caraïbes pléthore de places *offshore*, que nous avons largement citées au cours de cet ouvrage.

Un autre évènement est intervenu dans le processus de développement des paradis fiscaux : la révolution cubaine. La Havane a longtemps géré les avoirs des mafias américaines. Avec l'arrivée au pouvoir de Fidel Castro, elles les déplacent aux Bahamas. La Jamaïque et la Barbade font de même. Ces îles ont su adapter leur législation pour avoir leur part du gâteau, lequel a pris des proportions majeures depuis. On peut y constituer une société-écran en moins de 24 heures, laquelle peut être administrée depuis l'étranger (par exemple depuis Londres ou New York). L'impôt est inexistant. La comptabilité est particulièrement légère et les comptes n'ont pas à être publiés. Enfin, il n'est pas nécessaire de tenir un registre des actionnaires[1]. D'autres suivront le mouvement.

Les paradis fiscaux apparus dans les Caraïbes au milieu du XXe siècle sont une pure création du capitalisme anglo-saxon. Les années 70 et 80 ont consacré cette évolution avec la « globalisation financière ». Les outils étaient en place. Depuis, le phénomène n'a fait que s'accentuer. Les places *offshore* sont devenues des acteurs clés de la finance internationale. Les paradis fiscaux se sont engouffrés dans les failles du capitalisme. Ils sont parfaitement intégrés dans l'économie mondiale.

Le double discours des Anglo-saxons

La City occupe, on l'a vu, une place privilégiée dans le monde de l'*offshore*. Elle se situe désormais au centre d'un réseau de places financières qui en sont les satellites, grâce au passé colonial de la Grande-Bretagne.

Mes contacts avec les pays anglo-saxons, au premier rang desquels figure le Royaume-Uni, ont connu des fortunes diverses. Est-ce dû à leur système juridique ? À leurs institutions judiciaires ? Probablement. La City bénéficie des règles de la Common Law, très protectrice des droits et plus particulièrement du secret des affaires et du secret

1. Alain Deneault, *op. cit.*

bancaire. Par contagion, les nouvelles recrues des Caraïbes les ont adoptées.

Lorsque je me suis présenté dans ces pays afin de solliciter des investigations bancaires, la première question posée était : qui êtes-vous ? Il me fallait systématiquement passer quelques heures à expliquer à mes interlocuteurs de Jersey ou de Gibraltar, des procureurs et des policiers, ce qu'est un juge d'instruction. Ils ne comprenaient pas que dans notre système, le juge d'instruction dispose de pouvoirs importants en matière de saisie. Souvent, voilà ce qu'on me disait :

« Nous pouvons procéder à la saisie des fonds que vous sollicitez. Mais vous devez nous produire, comme c'est le cas dans notre système judiciaire, un arrêt d'une Cour l'ordonnant ». Je leur répondais que je ne pouvais le faire pour la raison simple que, dans le système judiciaire français, je disposais de ce pouvoir. Cette incompréhension a souvent constitué un obstacle majeur pour la saisie de fonds. Tout au plus obtenais-je de leur part une saisie provisoire dans l'attente d'une décision d'une cour ou, comme je le leur indiquais, d'un tribunal. Mais je ne suis pas le seul à avoir rencontré des difficultés.

J'ai pu recueillir le témoignage de nombreux collègues, en Suisse ou au Luxembourg par exemple, qui se plaignaient systématiquement du défaut de coopération des Britanniques. Rappelons que l'enquête sur les fonds détournés par le général Abacha a abouti à des saisies en Suisse, mais pas à Londres, qui est restée inactive.

Ainsi n'est-il pas surprenant que Londres soit devenu le refuge de nombreux oligarques. Ceux-ci possèdent de magnifiques propriétés dans les quartiers huppés de la capitale britannique où ils vivent en toute impunité, protégés par leurs gardes du corps.

Cette culture protectrice de l'argent « sans odeur » n'est cependant pas la chasse gardée des Anglo-saxons. Elle s'est propagée au sein de l'Union européenne.

Les Européens « continentaux » ne sont pas restés sur le bas-côté. Ils ont vite mesuré les enjeux et ont fait concurrence aux Anglo-saxons. Rien d'étonnant puisque l'économie mondiale est structurée, actuellement, sur la compétition et la libre concurrence.

À la différence de la City qui agit au sein de la capitale britannique, les paradis européens ont prospéré dans de petits États hors des frontières des grands États.

Trois pays ont ainsi développé des activités financières troubles depuis longtemps sur le continent : la Suisse, le Luxembourg et le Liechtenstein. Ces refuges classiques offrent de longue date la sécurité et l'opacité. Dans une moindre mesure, Andorre et Monaco ont aussi commencé par accueillir les bas de laine des Allemands, des Français, des Italiens, des Espagnols… Puis ces bas de laine se sont transformés, avec la mondialisation, en virements « *offshore* ». Ils ont alors pris une tout autre dimension avec la dématérialisation et les facilités promises par l'informatique.

La longue expérience de la Suisse

La Suisse occupe une place centrale depuis bien longtemps. Pays neutre, elle échappe aux conflits dévastateurs qui ravagent l'Europe au XXe siècle. Elle devient un refuge prisé de grandes fortunes souhaitant se mettre à l'abri des conflits. Les capitaux affluent du monde entier car les coffres y sont sûrs. Les deux guerres mondiales ont solidifié sa position.

Soucieuse de protéger les avoirs de ses clients venant du monde entier, la Suisse a renforcé sa législation sur le secret bancaire dès 1934. Elle a alors interdit aux employés de banque de divulguer l'identité des titulaires de comptes à quelque autorité que ce soit sous peine d'amendes et d'emprisonnement. Un banquier ne peut cependant s'opposer à une demande d'un procureur dès lors qu'une infraction pénale a été commise. Cette réforme parachève le dispositif mis en place à l'époque.

La langue n'est pas un obstacle, mais un atout. Si les Britanniques et les Américains parlent anglais, la Suisse romande accueille les clients francophones, Zurich ceux de langue allemande et Lugano les Italiens. Français, Allemands, Italiens, mais aussi Autrichiens n'hésitent pas à confier leurs avoirs cachés aux gestionnaires et banquiers installés en Suisse, pays voisin, comme ils le font d'ailleurs au Luxembourg et au Liechtenstein. Chacun y place l'argent fraudé en lieu sûr dans un canton où l'on parle la même langue. La réputation de la Suisse est telle qu'elle est également devenue un refuge prisé des dictateurs d'Amérique centrale, d'Amérique du Sud, d'Afrique, du Moyen-Orient, d'Asie…

L'or des nazis

L'affaire de « l'or des nazis », venue des États-Unis en 1996, fut un véritable séisme. Sans doute a-t-elle servi de déclic dans la prise de conscience du rôle obscur de la Suisse. Ce scandale va sérieusement ternir sa réputation et la contraindre à ouvrir, fût-ce timidement, ses portes et ses coffres, tout en préservant ses intérêts financiers.

Durant la Seconde Guerre mondiale, des banques suisses et notamment la Banque Nationale Suisse ont acheté au IIIe Reich de l'or avec des francs suisses. Cette monnaie représentait une valeur sûre malgré le conflit qui dévastait l'Europe car la Suisse y restait extérieure. Il se trouve que cet or provenait pour une large part des avoirs confisqués par les Allemands à leurs victimes, de confession juive pour le plus grand nombre. Plus de quarante ans après la fin de la Seconde Guerre mondiale, les Américains découvrent ces faits et reprochent alors aux Suisses d'avoir financé l'effort de guerre allemand et ainsi permis aux nazis de la prolonger.

Je ne peux m'empêcher aujourd'hui de faire la comparaison avec les Émirats arabes unis qui accueillent les avoirs cachés des oligarques russes. Certes, les faits sont différents car la fortune des oligarques ne vient pas de la confiscation des avoirs ukrainiens. Mais les oligarques servent la Russie de M. Poutine. Dans le futur, reprochera-t-on à

Dubaï d'avoir abrité l'argent des grandes fortunes russes durant la guerre contre l'Ukraine alors que l'Europe et les États-Unis ont ordonné leur saisie ? Dubaï n'agit-elle pas en parfaite connaissance de cause ? Pourquoi s'abstient-elle de saisir ces biens, qu'il s'agisse de l'argent ou des investissements immobiliers russes ? Par intérêt, comme la Suisse pendant la Seconde Guerre mondiale. Un jour, les Émirats arabes unis devront rendre des comptes à la communauté internationale.

Mais revenons à l'affaire de l'or des nazis. Il est donc reproché aux banquiers suisses d'avoir conservé cet or dans leurs coffres et gardé, depuis la fin de la guerre, le silence. Le Trésor américain et des organisations juives leur firent grief de ne pas les avoir restitués aux victimes et à leurs familles. Rattrapée par l'histoire et submergée par une vague de réprobation mondiale, la Suisse a dû se plier aux exigences des Américains et des organisations juives. Un compromis sera finalement conclu le 12 août 1998 à New York. La Banque Nationale Suisse, l'UBS et le Crédit Suisse s'engagent à indemniser les représentants des victimes à hauteur de 1,25 milliard de dollars.

Les banques suisses ont ainsi accepté de coopérer et de lever le secret bancaire sous une pression américaine et internationale. La Suisse a pris le soin d'adopter une attitude conciliante tout en préservant ses intérêts. Ses concessions sont ponctuelles et ne concernent en rien ses clients. Elle est parvenue à se sortir de cette impasse sans nuire à sa réputation de forteresse financière. Ses banquiers ont réussi à conserver leurs clients et continuent à les mettre à l'abri des investigations fiscales des pays tiers. C'est un premier pas, ce n'est pas une capitulation.

Cette position ambiguë, la Suisse va la réitérer par la suite, lorsque ses voisins européens et les États-Unis afficheront au début des années 2000 leur volonté de mettre fin à la fraude fiscale. La Suisse, toujours sous la contrainte, va prendre des engagements et accepter peu à peu de coopérer avec les autres pays, y compris dans le domaine fiscal. Cependant, tout en se prêtant à ces nouvelles demandes de transparence, les banquiers suisses vont parallèlement tout mettre en œuvre pour préserver la valeur de leur fonds de commerce et rassurer leur clientèle.

De compromis en compromis

Comment la Suisse a-t-elle pu satisfaire deux exigences aussi contradictoires ? Il est évident qu'en acceptant, même ponctuellement, de lever le secret bancaire, elle inquiète les fraudeurs fiscaux et autres clients qui font confiance à ses banquiers. Ils risquent de se détourner, en reprenant leurs avoirs et en les plaçant dans des pays ayant fait le choix de rester totalement hermétiques.

Pourtant, la Suisse a gagné son pari. Certes, l'affaire de l'or des nazis reste un épisode marquant, mais elle n'a pas eu grand effet sur la conservation des fonds liés à la fraude fiscale. La Suisse, certes égratignée, a su se remettre de cette affaire et conserve des coffres bien garnis. Depuis, elle persiste, malgré ses engagements internationaux, à drainer une épargne cachée. Des scandales retentissants et à répétition intervenus ces dernières années en attestent. La Suisse et ses vingt-six cantons maintiennent une solide réputation acquise de longue date, ses banquiers sont sérieux et compétents. Ils savent rester discrets.

Des négociations ont eu lieu entre Berne et ses voisins. Une anecdote relatée par Sylvain Besson, dans son livre *L'Argent des paradis fiscaux* en dit long sur l'hypocrisie et la carence des États dans ce domaine. Il fait état de la rencontre à Berne entre une délégation de l'Union européenne et le ministre des Finances de la Confédération helvétique en mai 2001. Au cours de l'entretien, le ministre fait part de son opposition à un échange d'informations sur les clients européens des banques suisses. Tout au plus accepte-t-il, à titre de sacrifice, le principe d'un impôt prélevé par la Suisse sur les intérêts de l'argent déposé et sa rétrocession à Bruxelles.

Une telle solution constitue un compromis insatisfaisant. Elle entérine une situation de fait, à savoir la fraude fiscale commise par les ressortissants des États membres. L'accepter revient pour les États lésés à prendre acte de la fraude et à obtenir un dédommagement par un pays qui favorise la fraude, qui en a parfaitement conscience, mais qui ne veut pas en dénoncer les bénéficiaires. L'accepter, c'est aussi encourager la fraude en donnant des gages non seulement au pays d'accueil, mais à tous ceux qui seraient tentés de suivre le même chemin.

Ce type de solution, qui a longtemps eu ses partisans, traduisait un principe de réalité contestable. La communauté internationale s'est engagée depuis sur d'autres voies, plus contraignantes, visant à traquer les fraudeurs.

OpenLux et la position ambiguë du Luxembourg au sein de l'Union européenne

La situation du Luxembourg est comparable à celle de la Suisse. Mais son rôle est d'autant plus significatif qu'il est, contrairement à la Suisse, membre de l'Union européenne, et même l'un des six membres fondateurs. Cette position privilégiée lui permet d'ailleurs de freiner, à l'instar d'autres pays, toute tentative de mise au pas des paradis fiscaux au sein de l'Europe. Grâce au Luxembourg, Malte et Chypre ont de beaux jours devant eux.

Une enquête internationale récente, OpenLux, menée par *Le Monde* et 16 autres médias[1] révèle que 55 000 sociétés *offshore* y gèrent des actifs d'une valeur estimée à 6 500 milliards d'euros. Ainsi le Luxembourg reste-t-il une place financière de premier plan. Si des sociétés multinationales y disposent de filiales financières à des fins fiscales, l'enquête OpenLux confirme qu'il existe aussi des fonds « douteux, suspectés de provenir d'activités criminelles ou liés à des criminels visés par des enquêtes judiciaires[2] ». Tel est le cas de sociétés liées à la pègre russe ou à la mafia.

1. « OpenLux : "Si le Luxembourg n'est officiellement pas un paradis fiscal, c'est au moins un havre fiscal" », *Le Monde*, 11 février 2021.
2. *Ibid.*

Cette même enquête relève que de multiples sociétés luxembourgeoises aux mains de propriétaires étrangers détiennent des participations financières dans le monde entier (près de 90 %). Il existe un grand nombre de cabinets de domiciliation. Le consortium dénonce le fait que l'opacité demeure malgré l'existence de directives européennes. Le Luxembourg a ainsi dû créer en 2019 un registre des bénéficiaires effectifs, ce qui constitue pour tout paradis fiscal une grave atteinte au secret bancaire. Un tel registre permet en effet à la puissance publique de connaître les véritables détenteurs de compte, à commencer par les bénéficiaires des sociétés panaméennes ou autres dont les avoirs sont gérés au Luxembourg. Or, selon l'enquête, tel n'est le cas que pour 52 % des sociétés. Les autres n'ont en effet pas satisfait leur obligation de déclaration.

Ce que l'enquête ne dit pas, c'est que de multiples bénéficiaires déclarés comme tels auprès des établissements financiers ne sont que des hommes de paille. Je l'ai constaté dans des affaires de fraude à la TVA, de corruption et de blanchiment. L'existence d'un prête-nom permet au véritable bénéficiaire de n'apparaître nulle part, ni dans les papiers de la banque ni dans un quelconque registre centralisateur. Le banquier ou la fiduciaire luxembourgeoise le connaît-il ? Ils soutiennent généralement que non, expliquant même, lorsqu'une enquête est prescrite, qu'ils ont été dupés par la personne qui s'est présentée comme le véritable bénéficiaire alors qu'elle agissait, en sous-main, pour le compte d'un donneur d'ordre. On ne peut l'exclure a priori, mais l'expérience montre qu'en réalité il est fréquent qu'un montage permettant l'intervention d'un prête-nom ait été opéré sur les conseils de la fiduciaire ou du chargé de clientèle de la banque.

La Suisse comme le Luxembourg peuvent signer toutes les conventions internationales : cela ne résoudra pas ce type difficultés qui reposent sur la mauvaise foi de fiduciaires et de banquiers peu scrupuleux. Pourquoi ces pays, qui se veulent à la fois performants et transparents, ne sanctionnent-ils pas ce type d'agissements ?

OpenLux montre bien qu'en dépit des nouvelles dispositions anti-blanchiment adoptées sur le plan international, l'opacité demeure au sein même de l'Europe.

Le mystérieux Liechtenstein

Il est difficile de parler de la Suisse et du Luxembourg sans évoquer le petit cousin, le Liechtenstein. Avec ses 160 kilomètres carrés et ses 38 000 habitants, ses montagnes et sa petite capitale, Vaduz, dominée par les tours du château du prince, le Liechtenstein est isolé au carrefour de trois pays, l'Allemagne, l'Autriche et la Suisse. Il a longtemps été considéré comme un dernier recours, une cachette bien gardée sous l'œil protecteur du prince, lointain héritier de l'Empire romain germanique et dont la famille possède l'une des principales banques de la place.

Je me suis rendu en 2001 au Liechtenstein. J'avais le sentiment, diffus, d'entrouvrir les portes d'un ultime bastion.

De l'argent était parti de Suisse vers le Liechtenstein. Ses détenteurs avaient manifestement estimé ce refuge plus sûr. Là aussi les magistrats ont coopéré. Les portes de cette forteresse s'étaient ouvertes deux ans plus tôt.

Le 8 novembre 1999 en effet, la principauté a vécu une grave crise. *Le Spiegel*, hebdomadaire réputé, publiait une note des services de renseignements allemands décrivant les liens entre le Liechtenstein et la mafia russe et les cartels de drogue d'Amérique du Sud. Mais la vague ne devait pas s'arrêter et, en dépit des dénégations du prince, des interpellations intervinrent à l'initiative d'un nouveau procureur autrichien qu'il avait lui-même désigné.

Cet exemple montre bien qu'aujourd'hui, les places financières qui veulent soigner leur image et éviter que leur réputation soit ternie cèdent lorsqu'un scandale éclate et que la pression médiatique est trop forte. En 2000, ce petit pays apparut sur une liste noire établie par le GAFI (Groupe informel d'action financière sur le blanchiment des capitaux, créé par le G7) avec quatorze autres pays non coopératifs. Que chacun se rassure, il en est sorti depuis.

Au terme de ce périple européen, je relève que j'ai la plupart du temps bénéficié d'une excellente coopération avec Genève, Vaduz et le Luxembourg. Dans d'autres affaires, Zurich a montré des réticences et un canton comme Zoug n'a pas coopéré. Berne, qui a désormais un rôle centralisateur, a suivi l'exemple de Genève. La Suisse est un microcosme reflétant la variété des comportements des paradis fiscaux établis dans le monde. Certains cantons coopèrent, d'autres pas du tout.

Mais l'Europe des paradis fiscaux ne se limite pas à la Suisse, le Luxembourg ou le Liechtenstein. D'autres pays, membres de l'Union européenne, jouent encore aujourd'hui le rôle de places *offshore*.

La délocalisation de la finance

Avec l'industrialisation et la dérégulation des marchés, les délocalisations d'entreprises sont devenues monnaie courante. Ainsi en est-il en France des industries du textile ou de l'automobile, délocalisées en Inde, au Pakistan, en Chine ou autres pays. De façon surprenante, mais logique, la finance a elle aussi subi un mouvement de délocalisation. J'ai pu en faire l'expérience directement.

Jersey et Guernesey sont, par beau temps, visibles depuis les côtes normandes. Ces satellites de la puissante City y conservent des trésors cachés. L'île de Man est plus au nord. Elle se situe en mer d'Irlande, entre les divers royaumes britanniques. Toutes trois ont su naviguer et suivre le bon vent dans le monde de l'*offshore*. Ces îles me sont apparues très fermées même si j'ai pu y obtenir des informations grâce au concours de leurs *attorneys* (procureurs).

Si la France n'a pu récupérer les îles anglo-normandes, il en est de même de l'Espagne avec Gibraltar. Cet éperon rocheux surveille l'entrée des eaux méditerranéennes où passent en file indienne des cargos du monde entier.

Point stratégique par excellence, il a su résister avec l'appui de la flotte de Sa Majesté aux assauts des Espagnols. C'est une véritable place forte. C'est aussi un relais de la City. La culture est la même.

J'ai eu affaire à Gibraltar une première fois en 2001 alors que j'instruisais un dossier de biens mal acquis concernant des personnalités nigérianes. Des investigations menées en Suisse montraient que la banque de Genève dont ils étaient les clients avait délocalisé leurs comptes à Gibraltar dans les années 1995-2000. Les lois anti-blanchiment adoptées par la Suisse et les enquêtes du parquet de Genève dans les dossiers de corruption rendaient la place de Genève vulnérable. Gibraltar offrait davantage de sécurité.

J'ai donc dû demander à l'*attorney* de Gibraltar les relevés de ces comptes. Je n'ai jamais eu de réponse. Je constatais à mes dépens qu'effectivement, le banquier suisse avait eu raison de conseiller à ses clients corrompus d'y transférer leur fortune. Bien à l'abri. Mais les fonds étaient toujours gérés depuis Genève. C'était une délocalisation. Cet exemple montre aussi la porosité entre pays refuges d'obédience anglo-saxonne (tels que Gibraltar) et pays extérieurs à la sphère anglo-saxonne (la Suisse). L'argent valse d'une place à l'autre.

Plus récemment, le tribunal de Paris s'est penché en audience publique sur une seconde affaire de biens mal acquis que j'ai instruite quinze ans après les faits. Elle vise l'oncle du président actuel de la Syrie, Rifaat Assad (voir chapitre 5). J'ai eu dans cette affaire l'occasion de travailler avec les magistrats espagnols spécialisés en matière de corruption et de blanchiment, des biens ayant été acquis à Marbella. Dans cette enquête sont apparus des comptes ouverts à Gibraltar. Du fait de ma précédente déconvenue, j'espérais obtenir l'appui des magistrats espagnols pour avoir accès à l'*attorney* de Gibraltar. Je pensais que la proximité géographique entre l'Espagne et Gibraltar leur permettrait d'intervenir avec efficacité. Quelle ne fut pas ma déception de constater qu'ils ne pouvaient m'aider compte tenu des contentieux politiques opposant les deux pays !

Je dus me résoudre à me rendre sans les Espagnols à Gibraltar. Cette fois-ci, j'étais assisté d'une magistrate française détachée à Londres. Par chance, elle connaissait l'*attorney general*. Rendez-vous fut pris. Je n'en suis pas revenu quand l'*attorney* m'a donné son feu vert pour obtenir les renseignements que je sollicitais. Je me suis dit que tout n'était pas perdu et que les temps changeaient, même si tout est loin d'être parfait.

L'omniprésence russe à Chypre et dans les pays baltes

Chypre est une place qui a joué un rôle de premier plan jusqu'en 2012-2013 lorsqu'elle fut confrontée à une grave crise financière. Elle était prisée par les Russes, mais aussi par des escrocs sévissant dans l'Union européenne, comme ce fut le cas avec la fraude carbone (2008-2009). L'argent était en sécurité et le secteur bancaire florissant.

Ce petit État européen est tombé quasiment en faillite en mars 2013. Des milliers de Chypriotes ont alors vu leurs économies disparaître de leur compte en banque. On aurait pu croire à ce moment que sa vocation de paradis fiscal allait cesser par la même occasion. Il n'en fut rien. La liquidation a été évitée grâce à un plan de sauvetage européen de dix milliards d'euros. Cette aide n'a pu être consentie à l'un de ses membres, un paradis fiscal favorisant la fraude, que parce que des citoyens européens paient leurs impôts dans les autres pays de l'Union ! Ces derniers ont ainsi financé, solidarité oblige, une opération n'ayant d'autre but que de sauver un pays qui fait office de paradis fiscal.

Grâce au soutien de l'Europe, soucieuse de ne pas abandonner l'un des siens, l'économie est repartie. Et l'argent de la fraude s'y est à nouveau réfugié. Comme celui des oligarques. L'intervention de l'Europe n'a rien changé au comportement inacceptable de cette place financière. Pourquoi l'Europe n'a-t-elle pas remis de l'ordre dans une maison qu'elle réhabilitait ?

Si Chypre est réputée de longue date comme étant un paradis fiscal particulièrement recherché, ce n'est pas sans surprise que j'ai découvert dans les mêmes enquêtes le rôle actif des pays baltes dans le blanchiment d'argent. Sans doute l'opacité de leurs banques s'explique-t-elle par leur passé sous le joug soviétique. De nombreux clients russes, connus des cercles mafieux, se sont en effet adressés, après la chute du mur de Berlin, à des banquiers peu scrupuleux.

D'autres dossiers traités au pôle financier parisien indiquent que des escrocs y ont dissimulé le produit de leurs activités frauduleuses. Ce fut notamment le cas dans les affaires de fraude à la taxe carbone, qui ont rapporté des centaines de millions d'euros à leurs auteurs. Ceux-ci avaient ouvert des comptes à distance en fournissant de faux papiers pour y transférer l'argent détourné. Les fonds ne faisaient que transiter à Vilnius et repartaient aussitôt vers Hong Kong sans que les fondés de pouvoir des établissements financiers ne fassent la moindre observation. Ici encore, on observe que la fluidité des échanges d'une économie mondialisée facilite les opérations frauduleuses.

Il n'est pas surprenant que l'on retrouve ces pays à nouveau cités dans le blanchiment d'escroqueries commises au préjudice de l'État français suite à la pandémie de Covid-19[1]. Comme dans les dossiers de taxe carbone, les auteurs ont pris la fuite en Israël, qui semble aujourd'hui se montrer moins complaisante qu'avec les escrocs à la taxe carbone il y a une dizaine d'années. Nombreux étaient ceux qui y avaient trouvé refuge et acquis la nationalité israélienne, ce qui avait pour effet de leur éviter l'extradition, ce pays n'extradant pas ses « nationaux ».

Décidément l'histoire se répète. Les détournements liés à l'affaire russe en 2008, l'escroquerie à la taxe carbone la même année, l'escroquerie aux aides lors de la pandémie

1. *Le Figaro* du 16 août 2022.

en 2022, montrent que les pays baltes restent une place prisée des fraudeurs. Que fait l'Europe ? Elle reste truffée de places *offshore*, les tolère et se révèle incapable d'y imposer des règles de transparence.

Quand l'Asie et le Moyen-Orient prennent le relais : Dubaï, Singapour et Hong Kong, des places financières incontournables

Qu'il s'agisse de corruption internationale, de détournements de fonds publics ou de fraudes à la TVA, le constat a été le même durant les vingt années où j'ai travaillé au pôle financier : l'argent circule désormais sur toute la planète, à la vitesse des connexions informatiques, sur d'innombrables places financières.

L'Asie dispose à présent de places financières de première importance telles que Hong Kong et Singapour rivalisant avec la Suisse et même la City. Le Moyen-Orient a choyé le Liban (avant la grande crise) et maintenant Dubaï… On en trouve même dans l'Océan indien : les Seychelles et l'île Maurice prospèrent. Vanuatu, au cœur du Pacifique, a eu son heure de gloire. Toutes vivent de l'argent de la fraude.

Singapour et Hong Kong ont su tirer parti des mesures anti-blanchiment adoptées depuis les années 90 en Europe.

Hong Kong et Singapour ont ainsi pris le relais de la Suisse et du Luxembourg où les nouvelles règles de conformité ont fragilisé l'édifice frauduleux. Les deux places asiatiques ont vu affluer des capitaux d'origine douteuse, sans davantage se poser de questions sur leur origine.

J'ai constaté un défaut total de coopération des autorités judiciaires de Singapour en 2003, alors que j'instruisais un dossier de corruption internationale. Lors d'une conférence organisée à l'OCDE à laquelle je participais en 2005, j'ai eu la parole à la tribune après que des délégués de Singapour se sont exprimés. Ces représentants d'une place réputée et en pleine expansion, venaient d'expliquer que Singapour avait mis en place une *task force* anti-blanchiment particulièrement efficace. Je ne me suis pas privé ce jour-là de les interpeller en leur posant la question suivante :

« En instruisant une importante affaire de commissions liées à des ventes d'armes, j'ai découvert que le principal bénéficiaire disposait de comptes identifiés à Singapour. J'ai adressé une demande en bonne et due forme aux autorités de Singapour. Quelques mois plus tard, j'ai reçu une réponse officielle datée du 23 juillet 2003 ayant transité par l'Ambassade de France m'indiquant que les autorités judiciaires étaient tout à fait prêtes à coopérer, mais que la banque refusant son assistance, il me fallait fournir, à sa demande, l'accord du titulaire du compte. »

Mes interlocuteurs sont restés de marbre et je n'ai bien évidemment obtenu aucune réponse… Il est vrai que j'aurais pu répondre dans cette affaire aux autorités de Singapour que j'étais dans l'impossibilité de fournir l'accord du titulaire car il était en fuite à l'étranger…

Je m'en suis cependant tenu là, comprenant que si le pays ne voulait pas coopérer, je ne ferais que perdre mon temps en insistant. Cet exemple montre à quel point le système est perverti. Une place financière de renom crée des structures anti-blanchiment inefficaces, mais se présente dans les conférences tenues par des organisations internationales. Elle porte la bonne parole et crée l'illusion alors que, parallèlement, le blanchiment se développe dans son propre pays et en assure la prospérité grâce au recyclage organisé de l'argent fraudé dans d'autres États. Mes interlocuteurs avaient l'air de croire en leur mission. Je les pense sincères. Sont-ils aveugles à ce point ? Pourquoi les autorités de Singapour sont-elles si tolérantes ? Tout simplement parce qu'elles y trouvent leur compte.

L'affaire Cahuzac, révélée en 2013 par *Mediapart*, a montré que le ministre du Budget (chargé de la collecte de l'impôt), dans la plus grande discrétion, détenait des fonds en Suisse. Dans un souci d'opacité, en 2009, du fait de l'adoption par la Suisse de lois anti-blanchiment, son banquier lui a conseillé de mettre cet argent au nom d'une société panaméenne et de le transférer dans une banque à Singapour. Ce qui fut fait. Cette banque était une filiale d'une grande banque suisse. Tout était en de bonnes mains. Le banquier suisse conservait la main sur la gestion de l'argent. Comme d'autres, il considérait que la Suisse n'offrait plus les mêmes garanties de sécurité et qu'il fallait avoir recours à une place plus sûre. C'est dire l'attrait que Singapour pouvait exercer.

Comment justifier qu'un ministre du Budget, ayant la réputation d'incarner une ligne de « fermeté budgétaire », dispose de fonds non déclarés à Singapour ?

J'ai aussi découvert, après avoir démêlé un écheveau particulièrement complexe dans des affaires de fraude à la taxe carbone, un peu moins de vingt millions d'euros dans une banque de Singapour. Il m'a fallu présenter des demandes réitérées et fortement argumentées pour obtenir, à force de patience et à titre provisoire, la saisie de ces fonds. J'ai mesuré la différence de comportement de la Suisse ou du Luxembourg : dans ces deux pays, j'ai pu obtenir la saisie de fonds dans les 24 heures. J'ai alors sincèrement regretté l'époque où je pouvais démanteler un réseau à Genève avec l'aide précieuse de mes collègues.

Une coopération du bout des lèvres

Lorsqu'en 2009, en début d'instruction, les enquêteurs des douanes judiciaires m'ont informé que la TVA détournée de la taxe carbone avait circulé sur des comptes ouverts en Lettonie, à Chypre et à Hong Kong, je leur ai répondu que j'allais adresser des demandes d'entraide aux procureurs letton et chypriote, mais que je renonçais à en faire de même à Hong Kong, sachant par avance que cela retarderait l'instruction de plusieurs années et que le résultat serait aléatoire.

La Lettonie et Chypre font partie de l'Union européenne. J'ai pu obtenir la coopération de la Lettonie dans les mois qui ont suivi. Chypre a mis plus de temps, mais j'ai fini par récupérer la documentation bancaire au bout d'une année, après plusieurs relances.

Quelques mois plus tard, en analysant les documents reçus de Lettonie et de Chypre, j'ai découvert que l'argent était pour la plus grande part reparti à Hong Kong. Impossible d'y échapper. Je me suis résigné à envoyer des demandes d'entraide dans ce pays. Il m'a fallu plus de six mois pour identifier un premier compte et pour apprendre, en exploitant les relevés transmis, qu'à peine arrivé, l'argent repartait aussitôt, de façon systématique, sur un second compte ouvert dans une autre banque de Hong Kong. Je dus alors présenter une seconde demande visant ce nouveau compte. Inutile de préciser que j'ai perdu du temps pour obtenir la totalité des renseignements bancaires de multiples comptes ouverts à Hong Kong. Hong Kong, comme d'ailleurs Singapour, ne coopère qu'au compte-gouttes. Mes craintes se réalisaient : j'en ai eu pour des années !

Je ne peux que déplorer l'absence totale d'initiative de mes interlocuteurs de Hong Kong. Ils ont vu affluer des quantités de demandes de coopération dans le domaine de la taxe carbone, émanant de plusieurs juges d'instruction parisiens, sans même avoir l'idée de déclencher une enquête sur l'attitude complaisante des banques à l'égard des escrocs et de procéder de leur propre chef à des investigations approfondies. Une telle démarche nous aurait considérablement aidés à démanteler les réseaux et les circuits du blanchiment. Il n'en fut rien. Ils ont préféré laisser chaque magistrat parisien en charge de ces dossiers multiplier des demandes et d'y répondre ponctuellement. Cette passivité est caractéristique des pays de culture anglo-saxonne. Les *fishing expedition* sont prohibées.

De tels comportements répondent manifestement à la nécessité de protéger la place financière, qui l'emporte sur toute autre considération. Cet état d'esprit étriqué m'a conduit à faire le même constat : ces deux places constituent, quoi qu'elles prétendent, la part d'ombre de la mondialisation.

C'est là une différence de comportement radicale, et il faut le souligner, avec des places comme la Suisse, le Luxembourg ou le Liechtenstein. Là, procureurs et juges d'instruction y officiant, lorsqu'ils sont alertés et sollicités par des magistrats étrangers sur des affaires de détournement de fonds ou de corruption, prennent des initiatives et diligentent leur propre enquête à partir des informations qui leur sont transmises. Cette forme de coopération, active, permet de remonter les filières et d'appréhender les faits dans leur globalité.

Israël : quand la loi du retour bénéficie à des escrocs

Qu'est devenu le produit des escroqueries ? Plusieurs fraudeurs, après avoir blanchi l'argent à Hong Kong et ailleurs, ont investi dans l'immobilier en Israël, voire même pour certains aux États-Unis. En Israël, leur identité cachée et avec un nouveau passeport, ils pouvaient échapper aux notices rouges d'Interpol. Les tentatives d'identification et de saisie de ces avoirs ont été aléatoires, Israël exigeant la démonstration préalable que l'argent investi provient de la fraude. Or, une telle preuve est extrêmement difficile à rapporter en début d'instruction compte tenu de l'opacité des circuits empruntés par l'argent détourné. Le faible niveau de coopération d'une place comme Hong Kong ralentit considérablement les enquêtes. Durant de tels palabres, les escrocs ayant investi en Israël ont pu placer leur argent ailleurs, hors de portée des demandes de saisies françaises.

Ainsi, malgré les condamnations prononcées par les juridictions parisiennes, les saisies n'ont été que partielles. Qu'est devenu l'argent qui n'a pu être gelé ? Je n'ai aucun doute sur le fait que Hong Kong, Singapour et tant d'autres continuent à en assurer la gestion pour le compte des fraudeurs.

Le Liban : une place en perdition

Depuis fort longtemps le Liban constitue un véritable paradis pour les fortunes du Moyen-Orient. D'autres s'y réfugient dorénavant. Le curseur ne s'est pas uniquement déplacé vers Singapour et Hong Kong : ce pays séduit car la coopération judiciaire internationale est inexistante. On sait aujourd'hui, après l'effondrement du pays, à quel point la corruption est prégnante dans ce pays et les autorités défaillantes.

J'ai pu constater à plusieurs reprises, en adressant des demandes dans des dossiers de corruption internationale, les carences de la justice libanaise. Les demandes n'étaient que très partiellement exécutées, voire non exécutées. Nombreux sont ceux qui sont partis se réfugier dans ce pays en se sachant protégés dès lors qu'ils avaient de l'argent, échappant ainsi à toute poursuite dans leur pays d'origine.

Le Liban est cependant depuis deux ans en état de choc. L'économie s'est effondrée. Les plus riches sont pourtant restés hors d'atteinte. Il leur a été facile de trouver d'autres cieux plus cléments, pas très éloignés : Dubaï leur tendait les bras.

Le nouvel eldorado : Dubaï

Depuis l'effondrement de l'économie libanaise, ancienne place forte de la fraude fiscale, Dubaï est devenu l'épicentre de l'argent sale. Je suis loin d'être le seul à l'avoir vu, dans diverses affaires d'escroqueries et de corruption. L'économiste Gabriel Zuchman constate aujourd'hui : « Le risque est que l'immobilier à Dubaï remplace le compte en Suisse comme stratégie d'évasion fiscale ou de dissimulation de patrimoine[1] ». Outre le fait que le pays ne prélève aucun impôt sur les revenus, le patrimoine et les sociétés, il offre une protection

1. « L'immobilier de Dubaï, un havre pour l'argent sale », *Le Monde*, 4 mai 2022.

absolue aux investisseurs liés à la fraude internationale, la corruption, la drogue… Le jeu en vaut la chandelle. Pour mémoire, l'ONU a évalué en 2009 à 870 milliards de dollars les profits tirés des trafics de drogue et du crime organisé dans le monde.

Plusieurs enquêtes de dimension internationale ont montré à quel point Dubaï protège l'argent sale ainsi que ses détenteurs. « L'opacité de l'émirat favorise les investissements étrangers, y compris de la part d'oligarques et de criminels », titre *Le Monde* du 4 mai 2022. L'argent est investi dans l'immobilier de luxe. De nouvelles révélations parues dans une vingtaine de médias internationaux mettent expressément en cause le double jeu de Dubaï, devenue un refuge pour les oligarques dont les avoirs sont recherchés aux fins de saisie. L'opération « Dubaï *uncovered* » (Dubaï démasquée) est liée à une fuite de données exploitée par un *think tank* américain composé d'universitaires et d'anciens officiers. Ils ont eu accès à une base de données mentionnant l'identité de 274 000 propriétaires de 800 000 biens.

On n'y découvre pas seulement le nom d'hommes d'affaires fortunés. Figurent en effet de nombreuses personnes impliquées dans des affaires de corruption et dans des réseaux criminels. Des trafiquants de drogue et « des criminels en col blanc » se réfugient dans l'émirat afin de se soustraire à l'exécution de mandats d'arrêt internationaux. Sont ainsi cités Daniel Kinahan soupçonné de trafic de cocaïne et recherché par les États-Unis, disposant de bureaux dans la tour Jumeyra Bay X3, le tchèque

Tibor Bokor, dirigeant d'une bourse de cryptomonnaies sanctionnée par le Trésor américain et propriétaire de trois appartements, et l'homme d'affaires et ancien avocat slovaque Miroslav Vyboh, recherché pour corruption et jouissant d'un appartement estimé à 2,7 millions de dollars.

Je n'ai pas été davantage surpris d'apprendre que les frères Gupta, considérés comme les maîtres de l'Afrique du Sud sous la présidence de Jacob Zuma, se seraient réfugiés à Dubaï[1]. « Zuma a diligemment ouvert les portes des entreprises publiques aux Gupta en les invitant à se servir dans l'argent et les actifs du peuple de l'Afrique du Sud », relate le juge sud-africain Raymond Zondo dans un rapport remis au président Cyril Ramaphosa. L'argent détourné s'élèverait à 3,5 milliards de dollars.

Ce rapport détaille les mécanismes qui ont permis le pillage des plus grandes entreprises d'État lors de la passation de commandes dans des conditions frauduleuses au profit de personnes « Gupta-compatibles ». Ce n'est que début juin 2022 que deux des trois frères Gupta auraient été arrêtés à Dubaï[2], ce qui montre qu'aucun paradis fiscal n'est plus totalement fiable lorsqu'il est dénoncé par la presse et que sa réputation est en jeu.

Ce qui est intéressant pour les fraudeurs dans le cas des Émirats arabes unis, comme d'autres paradis fiscaux, c'est

1. *Le Monde* des 6 mai et 25 juin 2022.

2. « À Dubaï, arrestation des frères Gupta : au cœur du plus tentaculaire scandale de corruption en Afrique du Sud », *Le Monde*, 8 juin 2022.

que ce pays joue le rôle d'un double refuge : il protège les personnes en les mettant à l'abri des mandats d'arrêt internationaux ainsi que leurs capitaux en ne coopérant pas avec les autres pays. De plus, l'impôt est extrêmement faible et les résidents peuvent bénéficier d'appartements et villas luxueux et de centres commerciaux prestigieux. L'argent peut être investi dans une économie locale particulièrement dynamique. Il existe également des écoles de renom, des plages et autres loisirs.

Dubaï cumule ainsi tous les avantages d'une place *offshore* : secret, conseillers compétents, investissements sur place, refus total de coopérer. Elle se présente comme « la perle des Émirats ». Rien n'est trop beau. L'argent coule à flots et le micro-État est florissant.

Le monde *offshore* est fluctuant. L'argent navigue d'une place à l'autre à la vitesse des nouvelles technologies. Dans un monde instable, si une place tombe, une autre la remplace. Des paradis fiscaux peuvent s'écrouler, l'argent de la fraude et du crime reste à l'abri des turbulences.

CHAPITRE 10
La prise de conscience

L'appel de Genève

J'ai accepté de signer l'Appel de Genève en octobre 1996. Cet Appel a été lancé un an après que le Garde des Sceaux de l'époque, Jacques Toubon, se fût plaint dans un courrier auprès du ministre de la Justice suisse de la collaboration qu'il estimait trop étroite des magistrats suisses avec leurs collègues français. C'était un comble de voir un ministre de la France, pays victime de la corruption, dénoncer l'excès de zèle des magistrats helvétiques. On aurait pu comprendre l'inverse, à savoir le ministre suisse se plaignant de la rapidité avec laquelle les magistrats de son pays répondaient à la sollicitation de leurs homologues français. Il est vrai qu'à l'époque, une enquête du juge Halphen, visant des marchés des HLM de la Ville de Paris, s'intéressait à un compte suisse suspecté d'avoir été utilisé, alors que Jacques Chirac était maire de Paris, pour financer son propre parti.

Le procureur général de Genève Bernard Bertossa, pionnier dans la lutte contre le blanchiment, avait alors déploré publiquement la démarche de Jacques Toubon. Il écrivait dans la Tribune de Genève : « alors que ses prédécesseurs se contentaient de ne rien faire pour améliorer l'entraide, lui, intervient pour qu'elle fonctionne plus mal » !

Quelques mois plus tard, nous avons lancé l'Appel de Genève, prônant exactement l'inverse de ce que demandait Jacques Toubon, à savoir l'amélioration de la coopération judiciaire internationale, condition *sine qua non* pour traquer l'argent de la corruption. Nous étions sept magistrats genevois, italiens, espagnols, belge et français à l'avoir lancé publiquement en nous rendant à Genève pour y donner une conférence de presse. Nous avions ainsi décidé de sortir de notre réserve et de sensibiliser médias et citoyens à la gravité de la situation.

J'avais à l'origine été contacté par un journaliste de *Libération*, Denis Robert, qui m'avait fait part de l'accord de principe du procureur général de Genève, Bernard Bertossa, pour réunir plusieurs magistrats européens, sous réserve bien évidemment de leur accord et de lancer un appel. La dimension européenne et collective de cette démarche m'a convaincu d'y prendre une part active.

Nous devions à notre tour convaincre deux magistrats italiens renommés. L'un d'entre eux, Gherardo Colombo, avait joué un rôle actif dans l'opération *Mani Pulite* ayant décimé la classe politique italienne en 1992. Nous avons cependant pris la décision de ne pas y associer le magistrat emblématique de cette vaste enquête, Antonio Di Pietro, celui-ci étant rentré en politique entre temps. Nous avions en effet le souci d'éviter toute politisation de notre démarche. Edmundo Bruti Liberati, magistrat italien réputé, a accepté de se joindre à nous.

Nous avons aussi associé deux magistrats espagnols, sachant que l'Espagne avait déclenché à son tour des enquêtes de dimension internationale visant des responsables politiques pour des faits de corruption. Balthazar Garçon, juge d'instruction emblématique en Espagne, et le procureur anticorruption de Madrid ont également donné leur accord.

La Belgique s'est, elle aussi, montrée active sur le terrain de la lutte anticorruption et le procureur de Bruxelles s'est joint à l'opération.

Lorsque nous sommes entrés dans le grand amphithéâtre de l'université de Genève, dont les bancs étaient occupés par de nombreux journalistes, la tension était palpable. Il nous a fallu, à tour de rôle, prendre la parole, expliquer les difficultés que nous rencontrions et dénoncer les carences de la coopération judiciaire internationale. Une telle démarche, médiatique, nous était inhabituelle. Notre métier consiste à enquêter sur les affaires qui nous sont confiées et non à sensibiliser l'opinion publique.

Une démarche critiquée

Il n'est pas fréquent que des juges d'instruction et des procureurs osent prendre la parole. Nous demandions notamment des réformes au sein de l'Union européenne, telles que la création d'un procureur européen (dont l'action ne serait par définition pas limitée par les frontières) et son corollaire, un espace judiciaire européen.

L'Appel de Genève avait ainsi pour objectif de « contribuer à construire, dans l'intérêt même de notre communauté, une Europe plus juste et plus sûre, où la fraude et le crime ne [bénéficieraient] plus d'une large impunité et d'où la corruption [serait] réellement éradiquée. Il en [allait] de l'avenir de la démocratie en Europe et la véritable garantie des droits des citoyens [était] à ce prix ».

D'aucuns qualifieront cette démarche de « politique ». C'était en réalité davantage un appel destiné à alerter les citoyens sur les obstacles rencontrés dans plusieurs démocraties européennes pour lutter contre la corruption. La justice ne peut en effet, dans un tel contexte, être égale pour tous. Nous ne pouvions réaliser dans de bonnes conditions les missions qui nous étaient confiées.

La pluralité d'intervenants prouve bien que les obstacles rencontrés dépassaient nos horizons respectifs. Nous pouvions agir librement à l'intérieur de nos propres pays, mais dès lors que l'argent prenait une destination hors de nos frontières, ce qui était le cas dans les dossiers les plus importants, il devenait difficile d'obtenir des informations. C'est un constat d'impuissance qui nous a réunis et que nous voulions porter à la connaissance de nos concitoyens européens. La présence du procureur général de Genève montrait qu'il existait aussi des bonnes volontés en Suisse et que la situation devait évoluer dans les pays refuges à l'instar de ce qui s'était passé à Genève.

Ces atermoiements constituaient autant d'obstacles difficiles à franchir. Pour remédier à cette situation, que nous avons unanimement dénoncée ce jour-là, nous avons proposé des solutions. Pour autant, il n'était pas question de nous substituer aux États et au législateur, sous peine d'alimenter l'éternelle polémique sur le Gouvernement des juges. C'était une opération de sensibilisation.

Cet appel était ponctuel et nous n'avons pas voulu aller plus loin en créant par exemple une association ou un comité de suivi suite à l'Appel. Nous avons considéré que notre rôle s'arrêtait là. Nous informions le citoyen de cette situation qui était intolérable et c'était à lui et aux élites politiques d'entreprendre des démarches et d'accomplir de véritables réformes.

Après avoir lancé cet appel, nous sommes rentrés chacun chez nous pour continuer à instruire les dossiers qui nous avaient été confiés et nous ne nous sommes plus manifestés collectivement.

Des hommes politiques n'ont cependant pas manqué de dénoncer un Gouvernement des juges malgré tous nos efforts. Ainsi Michel Charasse évaluait-il ainsi mon comportement: « un magistrat du siège, conseiller à la cour d'appel de Rennes, a très gravement manqué au devoir de réserve que lui impose son statut ». Il a même demandé que des poursuites disciplinaires soient engagées à mon encontre. Cette supplique n'a cependant pas eu de suite. Pas plus qu'en Italie, en Espagne, en Belgique ou en

Suisse… Ma démarche n'était pas isolée, mais collective. Elle ne visait pas spécifiquement les autorités politiques françaises mais le système international et ses défaillances. Elle m'est apparue comme une nécessité.

Régulièrement, des hommes politiques dénoncent un Gouvernement des juges. En réalité, les juges qui instruisent des dossiers politico-financiers ne cherchent pas à prendre le pouvoir. Ils appliquent simplement la loi votée par les partis politiques siégeant à l'Assemblée nationale à l'ensemble des citoyens, hommes ou femmes politiques inclus. C'est le principe d'égalité devant la loi. Précisément, l'Appel de Genève était un signal selon lequel, lorsque nous enquêtions pour des faits à caractère pénal, tels que la corruption ou le trafic de drogue, nous ne pouvions obtenir les comptes des personnes impliquées (généralement fortunées) qu'avec beaucoup de difficultés dès lors que l'argent était passé dans un paradis fiscal.

L'Appel de Genève était centré sur l'Europe pour la simple raison que nos enquêtes visaient de l'argent ayant pris le chemin de paradis fiscaux européens. Nous attirions l'attention des responsables politiques sur la nécessité de mettre en place en Europe des mécanismes de coopération permettant de lever les multiples obstacles existants.

Mais depuis cet appel, de nouvelles difficultés sont apparues lorsque des comptes ont été ouverts au-delà des frontières de l'Europe, par exemple à Singapour ou à Hong Kong. Si l'Appel de Genève, lancé par des magistrats exerçant leur activité en Europe, a une dimension européenne, il est bien évident que les questions soulevées ont une dimension mondiale.

Une lente prise de conscience européenne

Cet Appel a-t-il été utile ? Il a certainement facilité une prise de conscience. La situation s'est-elle améliorée depuis ? À l'évidence pas vraiment, puisque les paradis fiscaux, qui ont évolué et ne sont plus tout à fait les mêmes qu'en 1996, continuent à recycler de plus en plus d'argent.

Pourtant, cet Appel eut un large écho en France et en Europe. Nous avons été conviés l'année suivante à Bruxelles à nous exprimer devant le Parlement européen. Nous avons alors réitéré notre constat et formulé des propositions. Depuis, l'Europe a progressé. Certes lentement, mais l'évolution est réelle. La coopération judiciaire s'est nettement améliorée et la mise en place d'Eurojust (structure judiciaire européenne chargée notamment du suivi de la coopération entre États) et, plus récemment, d'un procureur européen tel que nous l'avions demandé, en sont l'illustration. Ce procureur européen ne peut cependant intervenir que dans certains domaines, tels que la fraude aux intérêts de l'Union et les fraudes à la TVA importantes. De plus, il ne peut agir dans les États de l'Union que par le relais de procureurs nationaux implantés dans ces différents États. Ils lui sont rattachés. L'avenir dira si cette institution, aux pouvoirs limités et aux compétences restreintes, est véritablement utile.

Cependant, tout n'est pas réglé en Europe, tant s'en faut. La fiscalité appliquée par les États membres varie toujours dans des proportions importantes d'un État à l'autre. L'Irlande, le Luxembourg et les Pays-Bas accueillent ainsi le siège de nombreuses multinationales ou leurs filiales européennes et leur garantissent des avantages et rabais fiscaux conséquents. Elles-mêmes ont des filiales dans les États où elles sont actives. Les montages en place permettent, sous couvert de conventions intragroupes, de faire remonter les bénéfices des sociétés filiales vers leur société mère irlandaise qui ne paiera que des impôts modérés, bien inférieurs à ceux que ces filiales auraient dû payer en France, en Allemagne, en Italie…

Le scandale des « rescrits fiscaux » a montré que le Luxembourg, qui offrait déjà une fiscalité avantageuse, avait négocié des contrats ponctuellement avec des entreprises pour leur accorder, au coup par coup, des conditions encore plus avantageuses afin de les attirer sur son territoire. Il n'est pas anodin de relever que nombre de ces rescrits ont été conclus alors que M. Juncker, devenu président de la Commission, était Premier ministre.

Ces graves dysfonctionnements ne concernent pas que l'évasion fiscale. Les récentes révélations du Luxleaks, opérées par un consortium de journalistes, pointent les réticences du Luxembourg à appliquer les directives européennes tendant à plus de transparence.

J'ai aussi pu constater ces dernières années lors d'enquêtes concernant des biens mal acquis ou autres affaires de blanchiment la place de choix qu'occupait le

Luxembourg dans la mise en place de sociétés-écrans permettant à leurs bénéficiaires d'acquérir des biens immobiliers prestigieux à Paris.

Que dire de Malte, qui demeure une place très fermée ou de Chypre qui abrite les avoirs des oligarques russes ? Que dire des îles anglo-normandes ou de Gibraltar, places qui restent prisées des fraudeurs ? Là encore, la volonté politique fait défaut. Rien de sérieux n'est entrepris pour éradiquer l'argent sale et la fraude de ces derniers bastions. Il ne faut pas non plus oublier qu'aux frontières de l'Europe, le Liechtenstein ou la Suisse conservent une clientèle adepte de la fraude fiscale ou de la corruption.

Les initiatives du G20 et de l'OCDE

Depuis l'Appel de Genève, les enquêtes se sont heurtées à d'autres murs construits bien loin de l'Europe. C'est la raison pour laquelle des institutions internationales telles que l'OCDE et le G20, prenant conscience du rôle nocif des paradis fiscaux, se sont emparées de la question et ont tenté d'y remédier.

Les organismes internationaux ont été sensibilisés à ces questions depuis les années 90. Jusqu'alors, les paradis fiscaux recyclaient l'argent de la fraude dans le monde entier avec la bénédiction des institutions financières. Il s'est alors opéré un revirement fondamental au sein de ces institutions. Elles ont réalisé le danger et les pertes que représentent ces petits États pour les autres pays privés de recettes fiscales. Elles ont alors commencé à réagir et à dénoncer le système en place.

L'OCDE est intervenue en adoptant en premier lieu, en 1997, une Convention réprimant la corruption internationale, laquelle a été ratifiée par les États membres de cette institution. Jusqu'alors, la plupart des pays ignoraient cette infraction, à l'exception notable des États-Unis. Ce sont eux qui ont voulu que cette infraction soit punie par les autres pays, estimant qu'il était anormal que seules les entreprises américaines puissent être sanctionnées pour ce type d'agissements.

La France était très en retard dans ce domaine. En instruisant des affaires de corruption internationale, comme Elf ou les frégates de Taïwan, j'ai dû prendre acte que nos entreprises exportatrices versant des commissions à l'occasion d'investissements pétroliers ou de ventes d'armes agissaient au regard de la loi française en toute légalité. Il m'était impossible de poursuivre les auteurs de ces faits au titre de la corruption, même avérée. De plus, Bercy les autorisait à défiscaliser les commissions versées dans les paradis fiscaux dès lors qu'elles étaient déclarées au service central des Douanes. La France avait le souci de protéger ses entreprises et d'éviter de les pénaliser lorsqu'elles postulaient à des contrats à l'étranger !

Leurs protagonistes me soutenaient que lorsqu'on tente d'obtenir dans certains pays l'accès à un puits de pétrole ou un contrat de vente de sous-marins, la corruption est inévitable et d'ailleurs imposée par le pays concerné. S'il est interdit à l'entreprise française de le faire, m'affirmaient-ils, d'autres, relevant de pays plus tolérants, s'en chargeraient et obtiendraient des marchés lucratifs. À leurs yeux, je faisais preuve de naïveté et, sans doute, d'un manque de patriotisme. Bien évidemment, ces objections m'interpellent. C'est pourquoi il faut changer fondamentalement les données du problème, en assurant l'égalité entre les candidats. Il n'est pas admissible que des entreprises emportent des marchés en enrichissant des potentats au détriment de populations vivant dans la misère.

La Convention mise en place par l'OCDE aurait dû permettre un recul de la corruption internationale, notamment celle visant de nombreux dictateurs. Il n'en a rien été puisque les affaires de biens mal acquis ou les révolutions arabes ont montré que ceux-ci, postérieurement à l'adoption de cette nouvelle norme, ont continué à s'enrichir. Ils ont placé leurs richesses dans les paradis fiscaux avant de les réinvestir dans des propriétés londoniennes ou des appartements dans les quartiers huppés de Paris.

Dans les enquêtes visant l'exportation d'armes, tant Londres que Paris ont construit de nouveaux murs. Ils ont eu recours au secret défense pour interdire aux magistrats instructeurs ou aux services de police spécialisés d'avoir accès aux informations de nature à caractériser les faits de corruption. Ce comportement est en pleine contradiction avec la Convention de l'OCDE, mise en échec par des réflexes nationaux. Cet exemple montre bien qu'il ne suffit pas d'adopter une nouvelle législation et de prendre des engagements sur le plan international pour mettre fin à des pratiques condamnables. Encore faut-il que ces engagements soient tenus et que les principes ayant suscité une adhésion collective soient effectivement appliqués.

Ce double discours est aussi celui des banques et autres conseils établis dans les paradis fiscaux qui ont persisté, au mépris des lois anti-blanchiment votées dans ces pays afin de se mettre en conformité avec les normes internationales, à accueillir les fonds détournés d'États souvent pauvres par leurs dirigeants. Pour contourner la législation, il leur suffit de préserver les apparences. Lorsqu'une banque reçoit un proche d'une personnalité corrompue, elle n'a qu'à relever qu'il déclare travailler dans les affaires sans procéder à aucune vérification pour plaider la bonne foi. Les avoirs apportés par ces clients, à savoir des centaines de millions d'euros, sont tels que les profits générés par leur gestion suffisent à convaincre le banquier, alléché, de prendre un risque minimum.

D'ailleurs, pourquoi s'en priverait-il ? Les autorités politiques des paradis fiscaux se montrent en effet peu regardantes lorsqu'elles découvrent le pot aux roses et se gardent bien de prononcer la moindre sanction.

La FATCA américaine et les échanges d'information

L'OCDE a aussi adopté des normes destinées à permettre l'échange d'informations entre les États. À l'origine, comme pour la corruption internationale, se trouve l'exemple des États-Unis qui ont adopté en 2010 le *Foreign AccountTax Compliance Act*, dit FATCA suite au scandale de l'UBS ayant révélé que des contribuables américains détenaient des comptes en Suisse. Ces dispositions édictent que les établissements bancaires situés hors des États-Unis ont une obligation d'information envers le Trésor américain sur leurs clients redevables de l'impôt aux États-Unis. Elles visent à combattre la fraude fiscale en imposant aux banques du monde entier, dès lors qu'elles ont des succursales aux États-Unis ou réalisent des opérations en dollars (ce qui est le cas de la quasi-totalité des établissements financiers), de dévoiler les comptes à l'étranger des ressortissants américains.

La FATCA contient des dispositions séduisantes pour la lutte contre la fraude fiscale. Pour la première fois, l'obligation de transparence prévaut sur le secret bancaire. Mais elle ne vise que les fraudeurs du Trésor américain et suppose une ratification de tous les États du monde pour être réellement efficace. Elle se met progressivement en place. De plus, elle ne s'applique qu'à sens unique : les États-Unis n'accordent pas la réciproque. Enfin les parades existent, comme le recours lors de l'ouverture d'un compte à Singapour ou Hong Kong à des prête-noms non imposables aux États-Unis.

Qu'en est-il pour les autres pays spoliés de leurs ressources ? L'Europe et l'OCDE, relayée par le G20, ont développé depuis 2014 « l'échange automatique de renseignements relatifs aux comptes financiers en matière fiscale ». Des « blocs » d'informations sont ainsi régulièrement transmis visant diverses catégories de revenus (dividendes, intérêts…). C'est une véritable coopération fiscale internationale que l'OCDE cherche à mettre en place. De nombreux pays ont signé un accord en ce sens.

Les failles des réformes en cours

En suivant cette évolution dans la presse, je me suis interrogé sur l'efficience des mesures prises. Poursuivant des enquêtes de dimension internationale, je suis pourtant allé de Charybde en Scylla. Je me heurtais toujours aux mêmes obstacles. Le curseur s'était juste déplacé de pays devenus coopératifs vers de nouveaux refuges non coopératifs. Des portions entières de flux me sont restées inconnues. Le voile n'était pas levé. Les fraudeurs s'étaient tout simplement adaptés et leurs conseillers les avaient orientés vers des places hors d'atteinte.

Il leur suffisait d'identifier les pays ne jouant pas le jeu. Le recours à des prête-noms et des sociétés *offshore* ou *trusts* en cascade s'est généralisé. Il paraît loin le temps où un fraudeur fiscal ouvrait un compte à son nom en Suisse et pouvait se croire à l'abri avec un nom de code. Les exemples que j'ai précédemment cités montrent que ceux qui veulent échapper aux nouveaux contrôles utilisent des sociétés dotées de gérants de paille.

Néanmoins, les réformes vont dans le bon sens. Mais elles ne seront réellement efficaces que le jour où le voile sera levé sur les faux-semblants et montages sophistiqués destinés à masquer le nom du véritable bénéficiaire des comptes. Les scandales à répétition révélés par la presse concernant les Panama Papers, les Luxleaks, les Paradise Papers ou les Dubaï Papers indiquent bien, si besoin était, que la fraude fiscale internationale continue d'exister à une grande échelle.

Ces réformes ont un écueil : elles supposent que les banquiers, les fiduciaires et les cabinets de conseil relevant des paradis fiscaux coopèrent, sous peine de sanctions. Or, ils vivent de cet argent caché. Pourquoi dénonceraient-ils leur clientèle, ce qui aurait pour effet de la faire fuir vers d'autres cieux ? Que dire des gestionnaires des sociétés *offshore* et des *trusts* ? Ceux-ci s'adaptent au fur et à mesure que les nouvelles règles s'appliquent et ont pour seul souci d'éviter à leurs clients de se faire repérer. Et lorsque ces intermédiaires sont identifiés, ils ne sont que très rarement sanctionnés. La complaisance des États où ils opèrent est flagrante.

Des listes blanche, grise et noire de pure façade

À l'instar de l'OCDE – et souvent de concert avec cet organisme –, les dirigeants des pays du G20 ont fait de la lutte contre les paradis fiscaux une priorité lors de la réunion qui s'est tenue à Londres le 2 avril 2009. L'OCDE fut aussitôt chargée d'établir une liste des paradis fiscaux. Il en est ressorti trois listes, une liste blanche (pour les bons élèves), une liste noire et entre les deux, une liste grise. Les quelques pays figurant sur la liste noire étaient appelés à modifier leur comportement dans la perspective du prochain sommet de septembre sous peine de sanctions.

En réalité, il suffit à un pays inscrit sur une liste pour en être effacé d'accepter de modifier sa législation et de signer des traités d'assistance afin de répondre aux standards internationaux. Des engagements généraux et purement formels permettent ainsi aux États concernés de sortir des listes et de passer du noir au gris, puis du gris au blanc. La forme l'emporte sur le fond. Les États ne sont pas jugés sur leurs résultats. Ces critères sont inopérants et sont perçus par certains paradis fiscaux comme des obligations de façade.

De nombreux paradis fiscaux sont ainsi sortis des listes noires et grises sans modifier leur comportement. Seul un contrôle *a posteriori* effectif sur le respect de ces engagements aurait été de nature à faire évoluer leur attitude. Il aurait fallu examiner point par point la coopération réelle accordée aux demandes présentées par des juges et des agents des impôts étrangers. Il aurait également été nécessaire de s'assurer que des enquêtes sont effectivement engagées sur place, dans le paradis fiscal, et que des sanctions sont prises contre les établissements financiers défaillants. Ce n'est malheureusement pas le cas.

Cette situation est d'autant plus regrettable que le seul fait pour un État, quel qu'il soit, de figurer sur une liste noire ou grise est de nature à entraîner une fuite des capitaux. Inscrire un pays sur la liste noire a des effets dissuasifs. Les grands établissements financiers, implantés dans des pays comme les États-Unis, la Grande-Bretagne, l'Allemagne ou la France ne peuvent éternellement disposer de filiales dans des pays jugés

« non coopératifs » sans s'exposer à des critiques, voire le cas échéant, à des sanctions.

Les capitaux préfèrent la sécurité. Les fraudeurs ont tendance à éviter d'avoir recours à un pays figurant sur la liste noire pour ne pas éveiller la suspicion. Les fiduciaires leur recommandent des pays « sécurisés » figurant sur la liste blanche et continuant, en sous-main, à capter l'argent sans poser la moindre question sur son origine. C'est un jeu de dupes. Choisir un pays discret sorti des radars des censeurs est devenu une priorité.

Ainsi, les pays figurant sur la liste noire se sont empressés d'en sortir en adoptant des législations conformes aux standards internationaux. Ils ont obtenu le Graal par des voies diplomatiques, évitant ainsi d'être littéralement *black-listés*. L'objectif est atteint : ils peuvent continuer à accueillir l'argent sale. Ce qui importe, c'est de bénéficier d'une certaine respectabilité.

Vers un impôt mondial ?

La répression, prenant la forme d'un redressement aboutissant à une transaction, n'agit qu'*a posteriori*. C'est pour tenter d'agir *a priori*, c'est-à-dire préventivement, qu'est apparue l'idée d'un impôt minimum applicable dans tous les États du monde, paradis fiscaux inclus. Un tel dispositif dissuaderait les multinationales d'y loger leurs revenus et de les défiscaliser au détriment de la collectivité. La finalité affichée est aussi d'assécher les paradis fiscaux.

Cette proposition a été formulée par l'administration américaine sous l'égide de Joe Biden. Une nouvelle fois, les Américains jouent le rôle de gendarmes du monde.

Un accord a ainsi été conclu le 1er juillet 2021 par 130 pays, sous l'égide de l'OCDE, par la création d'un impôt minimum mondial de 15 % pour les multinationales développant un chiffre d'affaires de plus de 750 millions d'euros. On y trouve en première ligne les GAFA. Ce taux minimum sera applicable dans tous les pays signataires. Cette manne représente 150 milliards de dollars par an qui devraient être récupérés par les États.

Les dirigeants du G20 ont approuvé cette réforme. Le président américain a salué cet accord en relevant que les membres du G20 représentent 80 % du PIB mondial: «C'est plus qu'un accord fiscal, c'est la diplomatie qui redessine notre économie mondiale et la met au service de la population».

Mais le taux retenu de 15 % est insuffisant pour rétablir l'équilibre. Il est en effet à peine supérieur à celui en vigueur dans des paradis fiscaux tels que l'Irlande (12,5 %). Un taux de 25 % aurait été beaucoup plus juste. La création de cet impôt minimum est cependant un premier pas, qui montre que des solutions existent. Elles ne peuvent toutefois être adoptées que si une volonté politique d'éradiquer le phénomène se manifeste. La situation particulièrement choquante des GAFA, qui bénéficient *de facto* de privilèges exorbitants, a généré cette mesure engageant les États les plus riches. Mais il faudra bien évidemment fixer, dans un second temps, un taux beaucoup plus élevé et réellement dissuasif si l'on veut vider les paradis fiscaux de leur substance et les assécher.

Des effets d'annonce

Le président Nicolas Sarkozy déclarait à l'issue de la réunion du G20 de septembre 2009 : « le secret bancaire, les paradis fiscaux, c'est terminé ». Pourtant en 2013, les mêmes pays du G20 se réunissaient à nouveau pour prendre des mesures afin de lutter contre l'évasion fiscale.

En 2021, ils se réunissaient à nouveau avec pour ambition affichée de mettre fin aux paradis fiscaux… Ils décidaient alors de la mise en place de la taxation minimale de 15 % pour les multinationales. La répétition de ces réunions montre, si besoin était, qu'il n'a nullement été mis fin aux paradis fiscaux contrairement aux objectifs affichés par le G20 depuis près de treize ans. Doit-on en déduire que le problème est insoluble ?

Notons que la dernière réunion du G20 (celle de 2021) ne vise que l'évasion fiscale. Mais le sujet est infiniment plus vaste. Les paradis fiscaux facilitent aussi la fraude fiscale qui concerne des revenus non déclarés et *a fortiori* échappant à toute taxation. Pire, ces pays recyclent à grande échelle l'argent de la corruption, des trafics de drogue… Toute cette panoplie de fraudes diverses échappent à la nouvelle taxation de 15 % qui vise essentiellement les multinationales déclarant leurs bénéfices dans des pays à faible fiscalité.

Ainsi les objectifs du G20 apparaissent-ils aujourd'hui moins ambitieux qu'en 2009! Le G20 cherche simplement à taxer les grandes entreprises et non à éradiquer les paradis fiscaux qui persistent à poursuivre leurs activités néfastes. Cette tentative de reprise en main manque cruellement d'ambition. Il ne faut pas perdre de vue que ces pays refuges n'existent que par la volonté initiale des « grands » États, tels que la Grande-Bretagne ou les États-Unis, de délocaliser des pratiques d'optimisation fiscale.

J'y vois les premières raisons de l'échec des mesures adoptées par l'OCDE, le G7 ou le GAFI. Comment éradiquer un fléau alors qu'il a été généré par les États membres de ces institutions? On ne peut que constater un défaut de volonté politique de mettre à néant les paradis fiscaux qui, eux-mêmes, dans leur propre intérêt, rechignent à accepter les mesures prônées par les organismes internationaux pour qu'ils se mettent aux normes. Ils finissent par le faire, pour préserver leur réputation – déjà fortement écornée – et maintenir un semblant de transparence et de coopération avec les États lésés. Mais, dans le même temps, les enquêtes récentes montrent qu'ils font tout pour conserver leurs « clients » qui eux-mêmes ont besoin d'eux pour préserver et faire fructifier leurs avoirs.

Ce gouffre entre les intentions et les actes explique, à mes yeux, la persistance des problèmes de coopération auxquels je me suis heurté jusqu'à la période la plus récente. Les résultats ne sont pas à la hauteur des espoirs.

J'ai eu la confirmation, en persistant à tenter de percer les mystères des circuits d'argent internationaux, que le rapport de forces ne pesait pas en faveur de la justice, toujours confrontée au mur des frontières, et que le monde de l'*offshore* reste, pour une large part, hors de portée de ses investigations.

La presse a fait le même constat d'échec. En dépit des annonces du G20 sur le recul des places *offshore*, plusieurs enquêtes journalistiques de grande ampleur, menées par des médias du monde entier ces dernières années, ont révélé, si besoin était, qu'il n'en était rien en publiant des milliers de comptes *offshore*, apportant ainsi la preuve que les paradis fiscaux continuent à accueillir, masquer et recycler l'argent de la fraude au mépris des engagements internationaux pris.

Ainsi l'hypocrisie triomphe-t-elle.

CHAPITRE 11
Les fuites

Les lanceurs d'alerte

Des lanceurs d'alerte divulguent régulièrement le contenu de fichiers bancaires provenant de paradis fiscaux. Plusieurs enquêtes ont été ouvertes au pôle financier sur le fondement de documents émanant de personnes voulant exposer les fichiers de banques suisses. Leur diffusion a ouvert des portes et pris à revers les banques impliquées.

Si les chargés de clientèle de ces banques respectent scrupuleusement leur obligation de discrétion, comme les règles de déontologie des banques le prescrivent, elles sont vulnérables du fait de la conservation des données informatiques. Les comptes sont répertoriés sur des supports informatiques cryptés, théoriquement parfaitement protégés. Mais y ont nécessairement accès des informaticiens, ne serait-ce que ceux de la banque ou ceux en charge de la maintenance. En dépit du maximum de précautions prises, de l'usage de codes et autres protections, il arrive que certains d'entre eux, souvent internes à la banque, accèdent aux fichiers et réussissent à en sortir une copie.

En ce cas, l'onde de choc est considérable car ce n'est pas une information sur un compte qui devient accessible, mais des fichiers entiers répertoriant des clients de la banque. Bercy et la justice financière en ont bénéficié. Au surplus, une telle vulnérabilité insécurise les bénéficiaires de comptes secrets, où qu'ils se trouvent.

La Suisse en ligne de mire

Deux affaires d'envergure, visant deux grandes banques implantées en Suisse (UBS et la filiale suisse de HSBC), ont ainsi été initiées par des lanceurs d'alerte. Elles ont un point commun : la divulgation de fichiers bancaires suisses. Ces dossiers donnent le nom et les avoirs bancaires de milliers de clients de ces banques. Ce qui est significatif, c'est que la Suisse, confrontée à ces révélations, a choisi de réagir différemment vis-à-vis des pays concernés, en fonction de la pression subie. Pourtant, les deux cas sont parfaitement similaires.

Le premier concerne la filiale suisse d'HSBC. L'informaticien Hervé Falciani quitte la banque en emportant, fin 2008, la copie d'un fichier clients. Après diverses péripéties, il communique ce fichier, qui contient la bagatelle de 130 000 comptes bancaires, à Bercy puis à l'administration fiscale d'autres États également concernés. Sur la base de ces précieuses informations, Bercy convoque les Français détenteurs de ces comptes aux fins de transaction. De nombreux clients acceptent, confirmant ainsi l'authenticité du fichier.

Mais d'autres décident d'en contester la teneur et nient avoir détenu un compte dans la banque suisse. Bercy transmet alors leurs dossiers à la justice, qui dispose de moyens plus efficaces pour s'assurer, preuves à l'appui, de la pertinence du fichier. C'est ainsi que le pôle financier parisien a pris le relais et diligenté plusieurs enquêtes à l'encontre de ces personnes récalcitrantes (refusant de transiger avec l'administration fiscale), mais aussi à l'encontre de la banque, principale mise en cause.

La copie du fichier aux mains de la justice est-elle authentique ? Des demandes de coopération judiciaire sont adressées aux autorités suisses afin de comparer la copie remise par M. Falciani à l'original conservé par la banque. En vain. La Suisse refuse toute coopération, au motif que les fichiers ont été dérobés et détournés par un employé de la banque. Le parquet fédéral suisse va même beaucoup plus loin en prenant le parti de la banque contre le lanceur d'alerte. L'établissement bancaire a en effet déposé plainte en Suisse pour violation du secret bancaire. Le procureur fédéral de Berne décide alors de poursuivre M. Falciani qui se voit délivrer à son encontre un mandat d'arrêt international. Arrêté en Espagne, il y est incarcéré durant plusieurs mois. Il expliquera avoir diffusé le fichier parce qu'il se trouvait face à « une violation systématique des droits fondamentaux des citoyens par le retranchement de fonds qui devraient être affectés à l'intérêt général ».

La justice suisse, qui a choisi délibérément son camp, persiste : plutôt que sanctionner la banque pour ses pratiques, elle prend son parti et poursuit celui qui tire la sonnette d'alarme. Cette politique de l'autruche n'empêche pas l'exploitation de la copie du fichier par les autorités fiscales et judiciaires de nombreux pays : ceux-ci recouvrent des sommes extrêmement importantes au titre de la fraude fiscale. Ces avoirs n'étaient bien évidemment pas déclarés aux administrations fiscales.

Au fond, la Confédération helvétique avait le choix entre deux attitudes : soit protéger le secret bancaire et poursuivre l'auteur de la violation, soit s'aligner sur les conventions internationales et mettre en œuvre les dispositions relatives à la coopération entre administrations fiscales et judiciaires. Elle a clairement opté pour le premier terme de l'alternative, préférant protéger le système bancaire suisse contre toute fuite de données. Elle a privilégié ses propres intérêts sur ceux des États spoliés. Les banquiers suisses ont ainsi pu compter sur l'appui de magistrats bernois, plus soucieux de la protection du secret bancaire que de la lutte contre la fraude fiscale. J'ai personnellement été déconcerté, et même déçu, par cette décision prise par un parquet fédéral avec lequel j'avais noué d'excellents contacts dans des affaires de corruption internationale. Mais je n'étais pas au bout de mes surprises.

Un cas analogue intervient en effet aux États-Unis à la même époque, en 2008. Un lanceur d'alerte révèle aux autorités américaines que des dizaines de milliers de ressortissants de ce pays disposent de comptes à l'UBS. Face à la puissance des États-Unis, la Suisse adopte alors un comportement exactement inverse de la position qu'elle a choisie dans l'affaire HSBC : elle accepte de collaborer avec les procureurs américains et de communiquer la liste des comptes. La banque donne également son accord pour payer une amende de 780 millions de dollars. Le lanceur d'alerte, Bradley Birkenfeld, quant à lui, sera récompensé par la justice américaine et percevra 104 millions de dollars.

La Suisse prise dans ses contradictions

Je ne peux expliquer une telle différence de traitement que par un atout majeur utilisé par les États-Unis : la menace de représailles, telles que l'impossibilité par la banque de réaliser des opérations sur leur territoire ou encore d'effectuer toute opération en dollar, ce qui revient à anéantir la banque. La justice américaine dispose de l'appui du Trésor américain qui n'hésite pas à taper du poing sur la table. Ce pouvoir exorbitant, terriblement efficace, j'en ai été le témoin dans une affaire de corruption internationale au Nigéria. Les entreprises partenaires dans la construction d'usines de gaz liquéfié ayant versé d'importantes commissions ont dû s'acquitter de centaines de millions de dollars. Cette position de force ne m'a donc pas réellement surpris dans l'affaire de l'UBS.

Ce qui est accablant pour la Suisse, c'est qu'elle n'ait pas adopté la même attitude vis-à-vis de ses voisins de l'Union européenne. Elle n'a cédé à la pression américaine que dans le cadre d'un rapport de force qui lui était défavorable. Cette double posture est révélatrice de la conception qu'a encore la Suisse du secret bancaire, faisant prévaloir en Europe l'intérêt de banques complaisantes à l'égard de fraudeurs fiscaux sur l'intérêt des États privés de ressources importantes.

Cette affaire révèle aussi une certaine impuissance des pays européens qui ne se sont pas montrés maîtres du jeu. Le refus de la Suisse de toute coopération dans l'affaire HSBC n'a entraîné aucune réaction de la part d'États qui ont accepté, sans broncher, que la justice soit tenue en échec. Au détriment de toute équité fiscale.

En dépit du soutien sans faille de la justice suisse, la banque HSBC, poursuivie sur la base des copies de comptes détenus par M. Falciani, a finalement dû accepter de transiger avec la justice française afin d'éviter un procès public. Elle s'est ainsi engagée à verser 300 millions d'euros, dans une affaire où elle était poursuivie pour avoir démarché de la clientèle française afin de lui permettre de se soustraire à l'impôt.

Début 2022, l'affaire « Suisse secrets », mettant en cause les fils de l'ancien président égyptien Hosni Moubarraka montré qu'en Suisse, rien n'avait changé et que « le prétexte de la protection de la confidentialité financière n'est qu'une feuille de vigne couvrant le rôle honteux des banques suisses en tant que collaboratrices des fraudeurs fiscaux[1] ». Le scandale avait pu être révélé grâce à une source anonyme ayant transmis les informations au quotidien allemand *Süddeutsche Zeitung* qui les a partagées avec 47 médias internationaux, dont *Le Monde*. Ces comptes ont ainsi été analysés par 152 journalistes du monde entier.

Lors d'un colloque organisé par l'OCDE où j'étais invité parmi d'autres intervenants, la représentante de la Suisse s'est exprimée de façon générale pour défendre son pays, en insistant sur le fait que la Confédération avait signé de nombreuses conventions et s'était soumise à une législation anti-blanchiment renforcée au fil des ans. Son propos, travaillé et très technique, était cohérent et abondamment documenté. Sur le fond, je n'avais rien à redire.

Lorsque la parole m'a été donnée à la tribune, juste après la représentante suisse, je lui ai cependant demandé pourquoi la Suisse avait adopté une différence de traitement dans l'affaire UBS (États-Unis) et l'affaire HSBC (France). Pourquoi avait-elle accepté de coopérer dans un cas et refusé dans l'autre alors que la situation était analogue ? J'ai dû reposer ma question, la représentante suisse ayant conservé un mutisme total.

En vain. Pas l'embryon d'une réponse ou d'une explication. La contradiction est flagrante, comme le double

1. « L'enquête "Suisse Secrets" relance le débat sur la liberté de la presse face au secret bancaire », *Le Monde*, 22 février 2022.

discours. Cette incohérence est révélatrice de l'ambiguïté de pays refuges disposant d'une solide réputation. C'est également le cas de Singapour, qui met en place des « *task force* » et n'engage pas de poursuites contre les établissements organisant la fraude. À quoi servent-elles ?

La réalité, c'est que la Suisse – comme le Luxembourg – tire d'importants revenus de la fraude fiscale. Là réside la véritable explication du double visage et du caractère équivoque de pays qui prétendent vouloir coopérer et qui, dans les faits, y rechignent.

Les petits arrangements luxembourgeois (*tax rulings*)

Six ans après les révélations de M. Falciani (HSBC), je prends connaissance dans la presse de l'existence d'un nouveau lanceur d'alerte, porteur d'informations sur des pratiques déloyales du Luxembourg en matière d'évasion fiscale.

Le 5 novembre 2014, un consortium de médias internationaux (le *Guardian*, *Le Monde*…) révélait, dans le cadre de l'opération Luxleaks, l'existence de multiples accords, validés par l'administration luxembourgeoise entre 2002 et 2010. Grâce à ces accords, des centaines d'entreprises multinationales et autres profitaient de taux d'imposition préférentiels négociés au cas par cas. Ces décisions favorables aux multinationales sont appelées des rescrits fiscaux ou *tax rulings*. Ce sont des accords fiscaux de complaisance permettant au Luxembourg d'attirer des capitaux étrangers et de domicilier des sociétés intervenant dans les autres pays européens.

Les multinationales bénéficiaient ainsi de taux inférieurs au taux officiel de 29 %, pouvant dans certains cas se limiter à 1 %. Il était donc tentant pour celles-ci de transférer leurs revenus générés en Allemagne ou en France vers ces sociétés dans le cadre de montages et d'opérations intragroupes purement fictifs. Parmi les sociétés citées figurent des poids lourds tels qu'Amazon, Apple, Heinz, Pepsi, Ikea et Deutsche Bank…

Ces *tax rulings* sont des outils performants et prisés dans la compétition que se livrent entre eux certains pays de l'Union européenne – au détriment des autres pays – comme le Luxembourg, l'Irlande ou les Pays-Bas, pays réputés pour leur fiscalité avantageuse. Le consortium de journalistes a révélé qu'au Luxembourg, 1 600 entreprises étaient domiciliées à une seule et même adresse.

Ces informations sont d'autant plus sensibles que Jean-Claude Juncker, qui fut Premier ministre du Luxembourg à l'époque des rescrits fiscaux, était devenu entre-temps président de la Commission européenne (1er novembre 2014). Il dut s'en expliquer. Il affirma qu'il n'avait donné aucune instruction… Peut-il vraiment soutenir qu'il n'était pas au courant ? Ignorait-il que le Luxembourg, depuis des décennies, accueille l'argent de la fraude ? Ignorait-il le rôle primordial joué par les établissements financiers et sociétés de conseil dans le blanchiment de capitaux ? En dépit des documents publiés par la presse internationale, il devait obtenir le soutien de la majorité conservatrice et sociale-démocrate du Parlement européen et conserver son poste.

Non seulement M. Juncker conserva son poste à la tête de la Commission, ce qui en dit long sur la crédibilité des institutions européennes sur la lutte contre le blanchiment, mais au surplus, des poursuites ont été engagées au Luxembourg contre les deux lanceurs d'alerte qui avaient informé la presse internationale de l'existence de ce *dumping* fiscal au sein même de l'Europe : Antoine Deltour et Raphael Hadet, ex-salarié du cabinet *Price Water House Cooper* (grand cabinet américain) pour vol et violation de secrets d'affaires ! Un journaliste a également été poursuivi, ce qui constitue une entorse au principe de la liberté de la presse. À en croire leurs détracteurs, ils auraient dû garder ces informations secrètes !

Lors du procès au Luxembourg – là encore la justice prend le parti des banques et protège le secret bancaire –, le procureur souligna la gravité de la violation. Le cabinet *Price Water House Cooper* s'associa aux poursuites puisqu'il se disait victime des agissements du lanceur d'alerte. Le tribunal condamna les deux lanceurs d'alerte, en dépit de leur défense indiquant qu'ils avaient agi pour le bien commun. La Cour d'appel confirmera leur condamnation. Plus tard, la Cour de cassation rendra une décision mitigée, accordant le statut de lanceur d'alerte à Antoine Delcour qui obtient finalement gain de cause, tout en maintenant la condamnation de Raphael Halet.

Ce comportement du Luxembourg, de ses dirigeants et de la justice rappelle que ce pays, bien que l'un des fondateurs de l'Europe, persiste à privilégier l'évasion fiscale et à protéger le secret des affaires. C'est précisément cette attitude, révélatrice, qui est celle adoptée habituellement par des pays européens qui tirent une part de leurs revenus de l'évasion fiscale et freinent les réformes nécessaires.

Files et Papers, les journaux sonnent la charge

Depuis quelques années, les pages des médias se noircissent de « papers » et de « files » diverses. Les Papers se situent dans le prolongement des fuites alimentées par des lanceurs d'alerte. Il est fréquent en effet que ceux-ci, détenteurs d'informations sensibles, s'adressent aux médias pour les porter à la connaissance du public. Ce ne sont pas eux qui apparaissent en première ligne, mais des organes de presse du monde entier. Aussi bénéficient-ils indirectement de la protection accordée aux journaux et autres vecteurs de la diffusion d'informations. On peut comprendre, au vu du dossier HSBC et de celui des *tax rulings*, qu'ils cherchent à échapper aux sanctions infligées à plusieurs lanceurs d'alerte par des institutions judiciaires prenant délibérément le parti des banques.

Ils préfèrent ainsi partager avec des médias réputés des données couvertes par le secret et jalousement gardées dans des paradis fiscaux, dès lors qu'ils se les sont procurés par des moyens détournés. Les médias agissent légitimement au nom de la liberté de la presse et ne doivent pas trahir leurs sources. En reprenant ces informations à leur compte, ils en assument la responsabilité, sans pouvoir dévoiler le nom de la personne qui les leur a communiquées.

Il devient de ce fait difficile pour les « victimes » de ces fuites, à savoir des établissements bancaires ayant pignon sur rue dans des places *offshore* ou des cabinets de conseil spécialisés dans la fraude fiscale, de se plaindre auprès de la justice de leur pays pour faire prévaloir leurs droits. Comment pourraient-ils prétendre poursuivre les journalistes agissant pour le compte de journaux renommés dans le monde entier ? Il est plus facile pour eux – et les procureurs locaux – de s'en prendre à un lanceur d'alerte isolé que de poursuivre des journaux réputés.

Les Papers sont ainsi devenus des scandales planétaires à répétition. Aucune place financière n'est à l'abri de ces révélations en série. Je trouve cela rassurant. Les cuirasses les plus épaisses ont des failles. Dubaï, qui n'a jamais répondu à mes demandes, est, comme l'ensemble des places financières, à la merci des fuites informatiques, des lanceurs d'alerte et des Papers. C'est ainsi que cette place réputée pour conserver jalousement ses secrets et ne jamais coopérer a été, elle aussi, l'objet d'une diffusion de données à grande échelle dans de multiples journaux du monde entier (les Dubaï Papers). Ses clients, dont les noms ont été étalés sur la place publique, ont dû en subir les conséquences.

Désormais, l'insécurité menace tout placement frauduleux, où qu'il soit effectué. Ce phénomène récent est réconfortant pour les citoyens qui paient leurs impôts, même si la diffusion de ces informations ne vise en réalité qu'une minorité de fraudeurs.

Des journaux réputés et reconnus dans leur pays respectif se sont alliés pour exploiter ces fuites de fichiers confidentiels. Ils se sont réparti le travail d'analyse des données transmises et des *listings* des clients concernés dont les avoirs cachés s'étalent à présent sur la place publique. En les lisant, je me suis dit que la presse avait décidément plus de moyens d'avoir accès à certaines informations que la justice.

De nombreuses fuites en série sont ainsi parues dans la presse ces dix dernières années. Elles confirment qu'en dépit des effets d'annonce du G20 et autres institutions qui remontent à plus de dix ans, les paradis fiscaux sont toujours aussi prospères. L'affaire dite des Panama Papers est probablement celle qui a le plus été médiatisée.

Elles ont eu, souvent, des répercussions retentissantes, procès et amendes à la chaîne, même si rien n'a changé sur le plan systémique, malheureusement. Les rescrits fiscaux ont ainsi été dénoncés aux Pays-Bas avec le scandale des Uber Files[1]. Cela défraya d'autant plus la chronique que depuis 2012, l'État s'était régulièrement opposé au sein de l'Union européenne à une évolution vers davantage de transparence fiscale. L'administration fiscale néerlandaise est même suspectée d'avoir retardé la transmission

1. « "Uber Files" : le réseau souterrain des géants de la tech à l'appui de la start-up américaine », *Le Monde*, 14 juillet 2022.

des renseignements sollicités par le fisc des autres pays de l'Union, lésés par cette absence de recettes.

On le voit, chaque pays joue sa carte à titre personnel. Les Pays-Bas, comme d'ailleurs l'Irlande, accordent l'hospitalité à des multinationales en leur faisant miroiter une fiscalité avantageuse. Ils créent ainsi dans leur propre pays de l'emploi et de la richesse au détriment des autres pays de l'Union. Il leur importe peu qu'ils fassent partie de l'Union européenne et lèsent les intérêts des autres États membres en les privant de ressources fiscales légitimes.

Le détonateur : les Panama papers

C'est par le canal d'un consortium international de journalistes qu'un lanceur d'alerte a rendu publics en avril 2016 des *listings* de clients issus d'un cabinet spécialisé dans la création de sociétés *offshore*, le cabinet Mossack Fonseca. Ces informations confidentielles concernent plus de 214 000 sociétés *offshore*. Ce cabinet a son siège à Panama City. Il emploie plus de 500 personnes dans le monde. Il fournit ces sociétés clés en main à des établissements financiers dans le monde entier et à de multiples fiduciaires qui en font bénéficier leur clientèle. Ce nom m'est fréquemment apparu dans de nombreux dossiers ayant des ramifications en Suisse ou au Luxembourg.

Ce cabinet est le fruit d'une alliance entre un avocat (Mossack) et un homme politique panaméens (Fonseca). Il a été créé sous la dictature de Manuel Noriega, alors que le pays était gangréné par la corruption. Il s'est spécialisé dans les services rendus aux fiduciaires et aux banquiers du monde entier.

Mossack Fonseca fournissait non seulement des sociétés panaméennes, mais avait aussi étendu son activité lucrative à la livraison de sociétés immatriculées dans les îles Vierges Britanniques, les Seychelles, etc. En s'adressant à Mossack Fonseca, banquiers et fiduciaires n'avaient que l'embarras du choix. L'entreprise a pris des proportions considérables et, fort de sa crédibilité et de son savoir-faire, elle s'est implantée dans de nombreux pays en créant plus de quarante filiales dans le monde. On imagine aisément la gravité pour elle de ces fuites et l'impact de ces révélations.

Parmi les clients qui bénéficiaient des sociétés fournies par Mossack Fonseca figurent des personnalités corrompues ou des trafiquants de drogue. L'entreprise affirme l'avoir ignoré, n'ayant affaire qu'à des fiduciaires ou banques qui, seules, avaient le contact avec les clients. Pour autant, le cabinet ne pouvait méconnaître ce que chacun sait, à savoir que ces sociétés-écrans étaient utilisées dans l'unique souci d'opacité et de fraude. Sinon, pourquoi des fiduciaires suisses ou luxembourgeoises s'adressaient-elles à eux pour obtenir, moyennant rémunération, des coquilles vides ?

Parmi ceux qui ont caché leurs avoirs au moyen de ces sociétés-écrans, on trouve des chefs d'État et des membres de gouvernements, des personnalités du monde sportif...

Le Premier ministre islandais est par exemple apparu dans cette affaire, bénéficiaire d'une société aux Îles Vierges Britanniques. Il dut démissionner sous la pression de l'opinion et au vu d'une importante manifestation liée au scandale. L'Islande est un pays qui a connu une grande crise financière spéculative en 2008. Déjà en 2009, le Gouvernement avait dû démissionner suite à la révélation de graves manquements des politiques dans la surveillance des banques qui s'étaient écroulées l'année précédente. Les Panama Papers révélaient quelques années après la crise que non seulement le Premier ministre, mais 600 hommes d'affaires islandais et trois ministres possédaient une société dans les Îles Vierges Britanniques fournies par le cabinet Mossak Fonseca[1].

Ont également été mis en cause le ministre espagnol de l'Industrie, le président argentin, le Premier ministre pakistanais. Seul le premier a démissionné. Des enquêtes ont été ouvertes dans de nombreux pays suite à ces révélations.

Figure aussi Bidzina Ivanichvili, ancien Premier ministre de la Géorgie dont la fortune, évaluée à 4,9 milliards de dollars, a été classée par *Forbes* à la 365e place. Il vit dans une villa d'une valeur de 50 millions de dollars, sur les hauteurs de Tbilissi. Il a acquis en 2006 un tableau de Picasso pour 95 millions de dollars. Lorsqu'il était Premier ministre, sa fortune représentait à elle seule près de la moitié du PIB de la Géorgie.

1. « "Panama Papers" : le "paradoxe islandais" », *Le Monde*, 23 janvier 2017.

Mais ces fuites ne visent pas que l'*establishment*. Prenons la vaste affaire de corruption brésilienne dite affaire Odebrecht. Elle affectait l'entreprise de BTP Odebrecht et touchait l'affaire Petrobas (du nom de l'entreprise pétrolière d'État). Elle remonta jusqu'à Mossak Fonseca, dont les responsables furent arrêtés. À cette occasion, le cabinet a été qualifié par le procureur d'« organisation criminelle qui se chargeait de cacher des actifs et des sommes d'argent d'origine douteuse ».

La clientèle de Mossack Fonseca renaît de ses cendres

La disgrâce du cabinet Mossack Fonseca n'a pas affecté tous ses clients, loin de là. *Le Monde*, membre du consortium ayant dénoncé l'affaire, a eu accès par la suite à de nouvelles données issues du cabinet, *postérieures* à la première fuite, où il apparaissait que « plusieurs gros cabinets d'avocats suisses, qui avaient enregistré des sociétés par centaines chez Mossack Fonseca [avaient choisi] par exemple Quijano and Associates dont les bureaux [étaient] à trois minutes à pied et qui [employaient] d'ex-cadres de Mossack Fonseca comme Jorge Fruto, qui a changé d'entreprise en janvier[1] ».

Dans le même ordre d'idée, *Le Monde* révèle en outre que Mossack Fonseca aurait créé de nouveaux cabinets

1. « Comment Mossak Fonseca tente de renaître de ses cendres », *Le Monde*, 20 juin 2018.

dirigés par quelques employés pour « reprendre certains clients ». Le quotidien cite ainsi deux firmes mises en place à Hong Kong juste après la publication des Panama Papers, dont l'actionnaire n'est autre qu'une ancienne employée de Mossack Fonseca en Asie.

Une autre structure mise en place au Panama est également citée. Le quotidien rend public un courriel envoyé en septembre 2016 par une employée de Mossack Fonseca, soit six mois après la fuite de données. Le mail informait qu'« en raison des récents évènements et des dommages causés à MM. Mossack et Fonseca, ils ont décidé de se retirer de ce secteur » et que leur société allait « probablement dépérir d'ici un à trois ans ». C'est dans cette perspective qu'Orbis avait l'intention de « reprendre le portefeuille clients » car ils voulaient « permettre à [leurs] clients d'opérer sans les problèmes liés à [leur] marque ».

Contactée par le *Süddeutsche Zeitung*, Orbis, tout en niant tout lien avec le cabinet Mossack Fonseca, reconnaissait avoir « reçu beaucoup de clients » venus de Mossack Fonseca.

C'est ainsi que, d'après *Le Monde*, les clients du cabinet Mossack Fonseca ont continué à bénéficier de conseils avisés en laissant passer l'orage. De nouvelles structures ont pris le relais, tant à Singapour, qu'au Royaume-Uni ou aux Seychelles où les « anciennes filiales de Mossack Fonseca ont seulement changé de nom sans même changer d'adresse... »

On s'en rend bien compte, les Panama Papers ne sont qu'un accident de parcours. Aucun enseignement n'en a été tiré, aucune mesure n'a été prise alors que c'était l'occasion d'enquêter, dans le monde entier, sur l'ensemble des clients dont les avoirs cachés auraient dû être saisis. Une enquête aurait dû être déclenchée à Panama, afin de mettre fin à ces pratiques. La justice ne remplit pas son rôle. Elle est tout simplement dépassée et il est permis de douter qu'au Panama elle ait les mains libres.

C'est exactement ce qui se passe en Suisse ou au Luxembourg lorsque ceux qui effectuent, en pleine connaissance de cause, des montages frauduleux, une fois démasqués ne font jamais l'objet de poursuites spécifiques. Tout se passe comme si la fraude était une fatalité, qui apparaît en plein jour ponctuellement, et contre laquelle il est inutile de lutter. Ces carences sont récurrentes et ne sont pas le propre du Panama. Il est évident que dans un tel contexte, les paradis fiscaux ne peuvent que poursuivre leurs activités.

Fin juillet 2022, ce sont près de 1,5 milliard d'euros de recettes fiscales qui ont été récupérées grâce à la diffusion de ce fichier, dont 126 millions d'euros en France. Dans une interview récente[1], le lanceur d'alerte des Panama Papers explique qu'il conserve l'anonymat pour des raisons de sécurité en raison des organisations criminelles impliquées. Il dénonce la prolifération des sociétés-écrans et l'usage qu'en font les régimes autoritaires. Il fait expressément référence aux sociétés *offshore* et aux *trusts*. Il cite

1. « Le lanceur d'alerte à l'origine des “Panama Papers” sort du silence : “ce sont les sociétés-écrans qui financent l'armée russe” », *Le Monde*, 22 juillet 2022.

l'exemple d'un *trust* « probablement créé pour un cartel de la drogue par une société de conseil colombienne ». Ce *trust* disposait d'un compte au Panama.

Une officine ayant pignon sur rue

Le nom de ce cabinet ne m'était pas inconnu, je l'ai dit, puisque c'était un sous-traitant auquel avaient recours de nombreuses fiduciaires de Suisse ou du Luxembourg.

Mettre la main sur le fichier clients de Mossack Fonseca, c'était démasquer des milliers de bénéficiaires de ces sociétés, à savoir les clients des fiduciaires soucieux d'acquérir une société panaméenne. Mossack Fonseca fournissait des sociétés panaméennes créées à cet effet à des fiduciaires ou autres cabinets spécialisés dans le monde entier. C'est un élément incontournable dans l'organisation mise en place dans les paradis fiscaux afin de blanchir des masses considérables d'argent sale.

Comme le relève le consortium de journalistes, « les documents montrent que les banques, les cabinets d'avocats et autres acteurs opérant dans les paradis fiscaux oublient souvent leur obligation légale de vérifier que leurs clients ne sont pas impliqués dans des entreprises criminelles[1] ».

Suite à ces révélations, le gouvernement panaméen assurait qu'il coopérerait « vigoureusement » avec la justice

1. « "Panama Papers" : l'évasion fiscale à échelle planétaire », TV5 Monde, 4 avril 2016.

en cas de poursuites judiciaires. Le Panama a-t-il mis fin à de telles pratiques ? Non.

L'avantage d'un tel consortium international, c'est que l'analyse du fichier a été réalisée par des journalistes de chaque pays. Je me suis posé la question suivante : peut-on imaginer une telle répartition des tâches entre des procureurs – appartenant à des États de droit – travaillant de concert, sans qu'ils aient à attendre d'être saisis de tel ou tel dossier ? Non, ce n'est pas ainsi que la justice travaille : elle intervient ponctuellement, au cas par cas.

Il m'apparaît évident qu'un tel travail aurait en tout état de cause une portée limitée. L'examen du fichier permet d'identifier des personnalités disposant de sociétés panaméennes, mais à quelles fins ? Mossack Fonseca n'est que le sous-traitant des fiduciaires qui seules sont à même de les utiliser pour leurs clients.

En réalité, dans un monde idéal, il faudrait que la justice de chaque pays ait accès aux documents détenus par l'ensemble des sociétés fiduciaires et autres cabinets, qu'elles soient basées en Suisse, au Liechtenstein, au Luxembourg, à Singapour, à Hong Kong… Seules ces fiduciaires gèrent les affaires de leurs clients, avec l'aide de banques peu regardantes auprès desquelles elles ouvrent des comptes masqués au nom de ces sociétés panaméennes. Les banques connaissent également – du moins sont-elles tenues de le savoir et d'en conserver la trace dans leurs dossiers – le nom des utilisateurs de ces sociétés et surtout les opérations qu'elles réalisent.

Ces pratiques sont relativement récentes, puisque les fuites datent de 2016 et 2018. Rappelons que la réunion du G20 qui avait prétendument mis fin aux paradis fiscaux s'est tenue en avril 2009 et que depuis cette époque des listes noires, grises et blanches des paradis fiscaux ont été établies par diverses institutions internationales. Pour quel résultat ?

Une première confirmation : les Paradise papers

Un an plus tard, l'histoire se répétait avec les Paradise Papers, grâce à une fuite issue du cabinet d'avocats Appleby.

Appleby se définit comme un cabinet spécialisé dans l'optimisation fiscale, ce qui signifie qu'elle joue un rouage essentiel dans le processus utilisé par de grandes sociétés et des personnalités pour échapper à l'impôt. Appleby insiste sur le caractère légal de son activité, se présentant comme « l'un des principaux prestataires de services *offshore* légaux au monde ». Elle crée et fournit des sociétés-écrans pour éluder la TVA et des « *trusts* familiaux pour gérer des fortunes ou des héritages » sans avoir à payer d'impôt.

Appleby a pour clients des entreprises, des institutions financières et des particuliers. Elle dispose de plus de 200 juristes. Elle est parfaitement organisée et structurée. Son positionnement dans plusieurs paradis fiscaux l'amène à en connaître tous les avantages et à en faire bénéficier ses clients. On y trouve une société liée au chanteur Bono[1]. Les gains majeurs issus du succès planétaire du boléro de Maurice Ravel transitent par les Antilles néerlandaises, les Îles Vierges Britanniques, Vanuatu, Gibraltar et Monaco[2]. L'animateur de télévision Arthur serait le bénéficiaire, via une *holding* luxembourgeoise, d'une société maltaise créée pour racheter un voilier de luxe de 50 mètres[3]. Le chanteur Julien Clerc détiendrait depuis 2007 une société maltaise pour gérer son bateau. Et les oligarques sont également présents.

La divulgation de ces documents confirme que les pays où intervient Appleby sont restés des paradis fiscaux recherchés. Elle souligne bien évidemment le manque d'efficacité des mesures prises par les institutions internationales, qu'il s'agisse du G20 ou de l'OCDE.

Le nouvel Eldorado pris les mains dans le sac : les Dubaï Papers

En septembre 2018, c'est au tour des *Dubaï papers* de faire la une des journaux, à l'initiative du *Nouvel Observateur*. La publication de ces milliers de comptes issus d'un cabinet spécialisé a confirmé, comme j'avais pu le constater, la place privilégiée qu'occupent les Émirats

1. « "Paradise Papers" : une société liée au chanteur Bono régularise sa situation fiscale », *Le Monde*, 5 janvier 2018.
2. « "Paradise Papers" : la mystérieuse société maltaise des héritiers du "Boléro" de Ravel », *Le Monde*, 10 novembre 2017.
3. « "Paradise Papers" : les stratégies des riches Français pour payer moins de taxes sur leurs yachts », *Le Monde*, 8 novembre 2017.

arabes unis, dont fait partie Dubaï, dans le blanchiment de capitaux ayant de multiples origines frauduleuses. Cette position centrale qu'occupe aujourd'hui Dubaï n'empêche pas les Émirats d'être signataire des principales conventions internationales, telles que la Convention de Palerme adoptée par l'ONU en 2003. Cette dernière a pour objectif la lutte contre la criminalité organisée internationale… Quelle hypocrisie !

Sont étalés au grand jour des contenus de messageries, des relevés de comptes, des factures… échelonnés de 2002 à 2018. Ces documents mettent en relief le recours systématique à des sociétés-écrans basées à Londres (ce qui n'est pas surprenant) ou à Hong Kong.

Au sein de la clientèle bénéficiaire de ces prestations et cherchant à ne pas payer d'impôt, on trouve des sportifs, des chefs d'entreprises et des personnes richissimes.

Quel contraste entre cette large diffusion de données et les refus de coopérer auxquels je me suis systématiquement heurté lorsque j'ai présenté à Dubaï des demandes d'assistance ponctuelles ! Je ne pense cependant pas que l'intervention de la presse, pour utile qu'elle ait été, modifie le comportement de Dubaï. Comme d'autres, elle fait le dos rond tout en cherchant à limiter les dégâts. Il suffit de laisser passer l'orage. Aucune sanction ne sera prise.

J'ai aussi retrouvé avec la parution des Dubaï Papers une pratique qui m'était apparue à plusieurs reprises. Parmi les multiples services proposés par le cabinet « victime » de la fuite, figure la mise à disposition d'argent liquide – toujours appréciée des fraudeurs –, y compris sous forme de livraison de billets à Paris. Les clients peuvent de plus profiter de cartes visa ou Mastercard anonymes, instruments plus faciles d'utilisation. Un document interne explique comment se procurer une telle carte : « La procédure d'obtention est très simple. Il suffit de remplir un formulaire d'une page, en choisissant le type de carte et la limite mensuelle autorisée. À réception du formulaire, la banque émet la carte dans les cinq jours ouvrables[1] ». Ces cartes permettraient de retirer jusqu'à 250 000 euros par jour !

Le cabinet de Dubaï recommande cependant à ses employés d'être vigilants, tout système présentant des failles, et de rester prudents dans la manipulation de ces cartes : « Les cartes sont des systèmes dangereux, il faut donc limiter l'émission de ces cartes à très peu d'utilisateurs et leur répéter sans arrêt que ce n'est que pour des sorties cash. [...] Une fois de plus, explique-t-on dans un autre document, les cartes sont notre tendon d'Achille. Je vous rappelle qu'il suffit qu'il y ait un seul client qui ait un problème pour qu'une demande administrative auprès de l'émetteur de la carte permette à l'administration fiscale et à la police de remonter à tout le monde[2] ».

La référence à la police montre bien que le cabinet offre ces avantages à des personnes visées par des enquêtes (ou du moins susceptibles de l'être) et que la clientèle n'est pas composée que de fraudeurs fiscaux. Pourtant, la

1. « Dubaï Papers : comment des cartes bancaires permettent de profiter de l'évasion fiscale », France Inter, 12 avril 2019.

2. *Ibid.*

crainte d'une réaction des autorités judiciaires de Dubaï et de Chypre me paraît totalement infondée. Je puis en témoigner : je n'ai jamais vu Dubaï ouvrir une enquête dans les dossiers que j'ai suivis dans lesquels, précisément, je leur révélais des comportements pour le moins douteux des banquiers.

En réalité, le véritable talon d'Achille qui s'est avéré fatal pour le cabinet de Dubaï, c'était le risque de diffusion par un cadre ou un employé de la banque des données informatiques et en particulier du fichier clients. Ce risque n'a manifestement pas été maîtrisé par l'officine. Ce type de fuite montre que tout système *offshore* laisse des traces et que malgré tout, il n'existe pas de solution sans risque pour les fraudeurs. Cette faille est d'autant plus béante que ce risque ne vise pas une enquête particulière, ce que craint le rédacteur de la note, mais l'ensemble des clients. L'étalage sur la place publique est de nature à nuire à la réputation du cabinet et à lui faire perdre sa clientèle.

L'hebdomadaire fait également état du recours par ce cabinet spécialisé basé à Dubaï aux services d'une banque chypriote.

Je garde à l'esprit la conversation que j'ai eu avec un enquêteur ayant procédé à un audit sur une banque basée à Chypre et à la réputation douteuse. Il m'expliquait que cette banque rendait service à des personnes pour cacher des millions d'euros provenant de détournements de fonds ou d'escroqueries. Elle leur proposait de virer leur argent sur un compte ouvert dans la banque. Une fois l'argent crédité sur ce compte, le banquier chypriote s'engageait à le restituer au client quelque temps plus tard après l'avoir totalement blanchi. Le banquier chypriote prélevait une commission pour « frais » de 30 %... Avec un tel taux, on est évidemment loin de l'évasion fiscale. Pour qu'un « client » accepte un tel prélèvement, c'est que l'argent a une origine inavouable. On bascule là dans la sphère criminelle. Chypre est ainsi une plaque tournante de l'argent sale.

Il n'est donc pas surprenant qu'une officine basée à Dubaï, pays qui ne coopère pas, propose à des clients peu fréquentables d'ouvrir des comptes dans une banque chypriote. J'ai aussi pu constater en me rendant à Chypre que les enquêteurs chargés du blanchiment étaient en nombre très réduit et ne pouvaient faire face à la masse des enquêtes qui seraient nécessaires pour lutter contre le blanchiment.

Pourquoi l'Union européenne n'impose-t-elle pas à Chypre, quitte à l'assister, de créer des postes d'enquêteurs qualifiés en nombre suffisant pour mettre à plat le système bancaire en place dans l'île et saisir l'argent des fraudeurs ? Pourquoi n'impose-t-elle pas aux autorités chypriotes de poursuivre les banquiers et autres intermédiaires qui ouvrent et gèrent ces comptes ? Le blanchiment est aujourd'hui l'objet de multiples conventions internationales, chaque État prenant l'engagement d'y mettre fin. Encore faut-il les mettre en œuvre.

L'Union européenne dispose désormais d'un procureur européen et d'institutions telles qu'Europol (organisme d'investigation policière) et Eurojust (composé de magistrats représentant chaque pays). Pourquoi ne leur accorde-t-elle pas le pouvoir et les moyens de parrainer, voire de diligenter, des enquêtes qui nécessitent des moyens d'investigation appropriés et performants dans des pays tels que Chypre ou Malte ? Cette passivité traduit-elle un défaut de volonté ou une incapacité à résoudre une équation compliquée ? Pourquoi les banquiers qui se livrent à de telles pratiques et s'enrichissent dans de telles proportions restent-ils impunis ?

La presse récidive : les Pandora Papers

Le Consortium international des journalistes publie trois ans après les Dubaï papers, en octobre 2021, douze millions de documents issus cette fois-ci de plusieurs cabinets spécialisés dans l'*offshore*. C'est une véritable boîte de Pandore, d'où le nom qui a été donné à cette opération de Pandora Papers. On y retrouve Chypre, Dubaï, les Îles Vierges Britanniques, Belize… On y découvre une multitude de sociétés-écrans utilisées par des hommes politiques, des chefs d'entreprise, des milliardaires, etc. C'est toujours le même constat.

Y figurent ainsi le président du Kenya, M. Kenyatta, le roi Abdallah II de Jordanie, l'ex-directeur général du FMI Dominique Strauss-Kahn, le président gabonais Ali Bongo. On découvre aussi des responsables mafieux. Ils ont pour la plupart eu recours à des sociétés *offshore* dont certaines étaient au nom d'hommes de paille.

On y voit aussi l'ex-Premier ministre tchèque Andrej Babis, par ailleurs milliardaire. Celui-ci aurait acquis des biens immobiliers dans les Alpes Maritimes, à Mougins, à travers une cascade de sociétés *offshore*[1]. Apparaît un prêt de 15 millions d'euros consenti par une société basée dans les Îles Vierges Britanniques. Des poursuites pour blanchiment de fraude fiscale ont ainsi été engagées selon la presse. Le conseil de l'intéressé a expliqué que « toutes les transactions ont eu lieu de façon parfaitement légale ». Effectivement, il n'est pas interdit de créer une société aux Îles Vierges Britanniques. Mais pourquoi ne pas acquérir les biens à son nom ? Son apparition dans les Pandora Papers ne l'empêche pas de faire campagne en vue de l'élection présidentielle de 2023…

La présence d'hommes politiques dans les différents « papers » peut être une explication sur la carence des États à lutter efficacement contre les paradis fiscaux.

Cette opération confirme que le monde de l'*offshore*, encore aujourd'hui, se porte bien. Ce monde ne concerne pas que l'évasion fiscale et les multinationales, mais aussi des réseaux criminels et des mafias, qui relèvent de la grande criminalité et du blanchiment.

Ces éléments portés à la connaissance du public ne font que révéler la persistance des comptes *offshore*, des fiduciaires, des sociétés-écrans dont bénéficient à la fois des responsables politiques et économiques en place et des trafiquants de drogue. On pourrait penser, ou du moins espérer, que la diffusion de tels éléments par la presse du

1. « "Pandora Papers" : la justice française enquête sur l'ex-Premier ministre tchèque Andrej Babis », *Le Monde*, 12 août 2022.

monde entier entraîne de vices réactions. Elles existent, mais elles sont ponctuelles et les questions de fond ne sont jamais abordées. Des personnalités sont dénoncées, sans d'ailleurs qu'elles soient, sauf exception, poursuivies. Cependant, le système lui-même n'est pas fondamentalement remis en cause comme ce devrait être le cas.

Ces scandales à répétition ne modifient à l'évidence pas la donne et les mêmes causes produisent toujours les mêmes effets.

CHAPITRE 12
Plaidoyer pour l'abolition des privilèges

Comment le monde évoluera-t-il ? Le nationalisme l'emportera-t-il ou résistera-t-il au mouvement inexorable de la mondialisation ? Les démocraties occidentales endettées, qui accumulent déficit sur déficit, toléreront-elles longtemps que les places *offshore* captent l'argent qui leur est dû et qui leur fait si cruellement défaut ? Les citoyens accepteront-ils éternellement, sans réagir, l'injustice créée à leur détriment ?

De la réponse à ces questions dépend l'avenir des paradis fiscaux. J'ose croire que le monde évoluera dans le bon sens. Les individus sont appelés dans les prochaines décennies à faire face en commun à des dangers et à se concerter au vu des nouveaux défis. Tel est évidemment le cas des enjeux climatiques, de plus en plus prégnants et inquiétants. Tel est aussi celui de l'argent de la fraude, soustrait aux États et caché dans les paradis fiscaux. Il est temps que les démocraties deviennent leader sur la question, réagissent et mettent fin à leur existence. Comment? Toutes les tentatives n'ont-elles pas échoué?

Je suis convaincu que l'Europe a un rôle primordial à jouer. Composée d'États démocratiques, il lui appartient de faire le ménage en son sein et d'imposer la transparence dans tous les pays de l'Union ainsi que chez ses voisins. Elle doit réagir et lever tout frein venant des législations de ceux qui servent de refuge à l'argent de la fraude et imposer la levée du secret bancaire lorsque les autorités fiscales et judiciaires le demandent. C'est ce dont nous parlions en 1996 avec l'Appel de Genève. Commençons par balayer devant notre porte.

Franchir le Rubicond : mettre fin au laxisme ambiant

Il faut aussi que chaque État européen crée un registre nominatif et centralisé de l'ensemble des comptes ouverts sur son territoire, afin qu'il connaisse les véritables titulaires des comptes ainsi que les bénéficiaires de toute structure opaque.

Il est également nécessaire de créer dans chaque pays un registre de toutes les sociétés et le rendre accessible à tous. Il faut éradiquer les fausses fondations du Liechtenstein et autres coquilles vides. Chaque pays doit s'assurer que les banques vérifient de façon effective et non pas uniquement sur un plan formel la fortune de leurs clients et en particulier des prête-noms dont les ressources personnelles ne peuvent justifier les dizaines de millions d'euros qui tournent sur leur compte.

Chaque État doit en outre contrôler les banques et exiger qu'elles leur dénoncent toute opération suspecte, sous peine de sanctions effectives. Il faut mettre fin au laxisme qui règne à l'égard des fiduciaires et autres conseils juridiques qui organisent la fraude, qu'elle soit fiscale ou d'une autre nature. Lorsqu'une affaire éclate en Suisse ou au Luxembourg, l'Europe devrait être en droit d'exiger de ses membres ou partenaires que les cabinets et banquiers fautifs soient sanctionnés et mis hors d'état de nuire.

L'Europe doit aussi se doter de moyens d'enquêter au sein d'États comme Chypre ou Malte qui invoquent un manque de moyens et un nombre d'enquêteurs spécialisés limités et démunis face à l'ampleur de la tâche. Ce ne sont là que de faux-semblants et alibis destinés à justifier une carence effective et conforme aux intérêts de la place. Il est temps d'y mettre le holà et de sanctionner les agissements frauduleux qui s'y perpétuent.

En cas de défaillance d'une banque, des sanctions lourdes doivent être prises à son encontre. Les États-Unis n'hésitent pas à infliger des amendes s'élevant à des centaines de millions voire des milliards de dollars aux entreprises qui pratiquent la corruption internationale ou ne respectent pas les embargos qu'ils prescrivent à l'encontre de certains pays. Pourquoi la Suisse n'en a-t-elle pas fait de même à l'encontre de l'UBS ou de la filiale d'HSBC lorsque celles-ci ont accepté de transiger avec le parquet fédéral américain ou le parquet national financier parisien ?

L'Europe passoire

Pourquoi l'Europe accepte-t-elle, lorsque des fuites révèlent des fraudes de grande ampleur réalisées sur son propre territoire, qu'un pays comme la Suisse prenne le parti de la banque, laquelle se pose en victime de la violation du secret bancaire, et choisisse de poursuivre un lanceur d'alerte qui accomplit une démarche dans l'intérêt public ? Pourquoi des banques, qui encouragent la fraude fiscale sur le territoire européen, bénéficient-elles de l'impunité au seul prétexte – inavoué – qu'elles ne font que poursuivre des pratiques ancestrales et préserver les intérêts de leur clientèle ?

L'Union européenne est bien placée pour imposer ces règles non seulement en son sein, mais aussi auprès de ses voisins tels que la Suisse ou le Liechtenstein.

Bien évidemment, une Europe vertueuse ne suffirait pas à résoudre le problème. Si elle décidait de jouer la transparence financière, l'argent partirait dans des contrées lointaines. C'est déjà le cas avec l'adoption de normes anti-blanchiment et les quelques avancées réalisées depuis une vingtaine d'années. L'argent est parti à Singapour ou à Dubaï. Il appartiendra donc aux organismes internationaux, tels que l'ONU et le G20, de prendre le relais et d'uniformiser à l'échelle du monde la réglementation et le contrôle des capitaux. Un vœu pieux ?

La fin des faux-semblants

La transparence des comptes bancaires est certes un pas important vers la neutralisation des paradis fiscaux. Mais elle ne doit pas se limiter aux établissements financiers, quel que soit le pays où ils officient. Elle doit s'étendre aux sociétés-écrans et aux coquilles vides au nom desquels les comptes sont ouverts. Doivent bien évidemment être ciblées, qu'elles relèvent des Îles Vierges Britanniques ou du Panama, l'ensemble des sociétés *offshore* et autres *trusts*. Il est indispensable de supprimer toute forme de société-écran et de revenir vers la définition première d'une société telle qu'elle est enseignée à l'université de Droit : l'*affectio societatis*, c'est-à-dire la volonté pour ceux qui créent une société de lui donner un objet, une vie, une activité autre que d'éluder l'impôt ou de protéger des avoirs criminels.

Autrement dit, il faut proscrire les sociétés fictives, celles qui n'ont aucune activité réelle et ne sont que des paravents disposant, tout au plus, d'une adresse de domiciliation partagée par des milliers d'autres sociétés du même genre.

Bien évidemment, ce sont des réformes profondes et difficiles à mettre en œuvre. Toute personne peut créer une société, y compris pour couvrir une activité personnelle, sans employés ni bureaux spécifiques. Néanmoins, on ne peut admettre l'idée qu'une société ait pour seul objet de masquer l'identité de son créateur, à des fins purement fiscales ou, pires, délictuelles.

Ces coquilles vides sont bien connues, qu'elles soient artificiellement créées aux Bahamas, dans les Îles Vierges Britanniques, dans les îles Caïmans, au Panama ou même au Delaware dans le seul but d'être utilisées dans des montages *offshore*. Il faut étendre cette prohibition à toutes autres structures-écrans n'ayant aucune finalité, telles les fondations du Liechtenstein. Qui en subirait un préjudice, en dehors des fraudeurs, des fiduciaires et des paradis fiscaux ? Personne. Dès lors, qu'est-ce qui s'oppose à leur suppression ?

Cette interdiction ne doit évidemment pas épargner les *trusts* anglo-saxons. Quelle est aujourd'hui leur utilité ? À quelles fins sont-ils utilisés ? Quel est l'intérêt de transférer ses biens personnels au profit d'un *trust*, qui n'existe que virtuellement, si ce n'est de transgresser les règles fiscales ou successorales et d'organiser sa propre insolvabilité ?

Personnellement, je n'en vois pas d'autre. Il n'existe aucun motif valable pour justifier le recours à un ou des *trusts*. C'est un outil pour se prémunir contre toute poursuite, pour des raisons inavouables, et de se soustraire à toute règle, fiscale ou autre, applicable au patrimoine d'une personne. Ils permettent à ceux qui les constituent d'organiser leur insolvabilité. Des *trusts* (purement fictifs) possèdent ainsi des biens immobiliers tels que villas et appartements à Londres, New York ou Paris, des yachts, des tableaux de maîtres, des jets privés bénéficiant exclusivement à ceux qui les ont créés ou à des bénéficiaires qu'ils ont désignés, comme les membres de leur famille.

Pourquoi tolère-t-on une telle situation ? Au nom de quel principe ? L'usage ? La tradition ?

Dès lors que les *trusts* sont devenus des outils performants dans le domaine de la fraude, ils doivent être éradiqués. Il suffit de revenir à une règle simple : chacun est propriétaire de ses propres biens et doit s'acquitter de ses obligations fiscales comme tout citoyen. La sphère anglo-saxonne, si prompte à donner des leçons de morale aux autres pays dans le domaine de la corruption ou du blanchiment, doit en prendre conscience, ouvrir les yeux et tirer les conséquences de cette situation. Ce n'est pas parce que des générations d'hommes d'affaires ont créé des *trusts* – pour des raisons d'ailleurs obscures – qu'ils doivent davantage être tolérés, surtout à l'heure où les déficits budgétaires deviennent une véritable menace pour les générations à venir.

Dans une affaire jugée à Paris, les avocats des riches héritiers d'un marchand de tableaux ont plaidé que les *trusts* de leurs clients étaient anciens et avaient été créés par leurs parents ou autres aïeuls. Est-ce une raison pour les accepter alors qu'ils permettent de ne pas déclarer des avoirs considérables ou de les transmettre à ses héritiers sans verser de droits ? Si une personne hérite de fonds garnissant le compte en Suisse de ses parents, faut-il accepter qu'elle le conserve et ne paie aucun impôt ? À l'évidence, non. Elle doit en faire la déclaration à l'administration fiscale et payer les droits qui sont dus comme tout contribuable. D'où vient l'argent ? Pourquoi n'a-t-il pas été déclaré ? Comment le compte suisse a-t-il été alimenté ?

On ne peut accepter le principe de la bonne foi d'une personne qui hérite des avoirs d'un compte suisse et ne les déclare pas. Aussi doit-il en être de même du bénéficiaire d'un *trust* constitué par ses parents.

Les parades existent

Ainsi une réforme d'envergure et réellement efficace doit-elle viser à la fois les comptes bancaires et les coquilles vides. Mais ces mesures resteront lettre morte si elles ne s'accompagnent pas de mesures spécifiques visant les paradis fiscaux. On ne peut s'en affranchir. Il n'existe pas d'obligation sans sanction. Les États, souverains, qui offrent les caractéristiques des paradis fiscaux, ne sauraient être autorisés à ne pas appliquer les règles nouvelles de transparence. Ceux qui refuseront d'adopter ces nouvelles normes, édictées dans l'intérêt commun, devront être sanctionnés. Les mesures doivent être économiques. Il en existe une panoplie.

La première consiste à interdire tout mouvement en euro ou en dollar avec les établissements bancaires et les comptes qui sont ouverts dans ces États dits non coopératifs. Une telle menace a souvent été utilisée dans des cas particuliers – et s'est révélée efficace – par les États-Unis, comme on l'a vu précédemment.

Prenons le cas des Émirats arabes unis et de l'un de ses membres, Dubaï. Dubaï ne survivrait pas économiquement si toute opération commerciale ou financière lui était interdite, notamment avec son partenaire américain. Cette place qui s'affiche régulièrement comme le paradis des investisseurs et accueille l'argent quelle que soit son origine ne résisterait pas à de telles pressions. Ce serait l'acte de décès de son essor économique et de telles sanctions l'entraîneraient dans une récession inévitable et fatale.

On peut aussi envisager le défaut de reconnaissance des sociétés relevant de ces pays. Pourquoi ne pas interdire toute opération commerciale ou financière avec une société panaméenne ou des Îles Vierges Britanniques ?

Bien évidemment, et c'est le cœur du sujet, tant les États-Unis que la Grande-Bretagne devraient commencer par faire le ménage sur leur propre territoire et imposer des règles équivalentes à la City et au Delaware.

Un monde transparent : une utopie ?

Il faudrait également uniformiser les règles d'imposition au sein de l'Europe ou des États-Unis afin d'éviter toute forme d'évasion fiscale, les grandes sociétés préférant élire domicile, fictivement, dans les États à faible imposition. C'est là une réforme longue et difficile à mettre en œuvre, mais inévitable si les États veulent recouvrer les sommes colossales dont ils sont spoliés et qui leur seraient si utiles pour combler leurs déficits et accompagner les efforts importants qu'ils doivent déployer pour assurer les missions de service public qu'ils ont en charge. Ces fonds pourraient aussi être utilisés pour financer les mesures coûteuses que les États vont devoir engager, de toute urgence, pour lutter contre le réchauffement climatique et la préservation de notre environnement.

Une telle vision est-elle utopique ? Oui, diront les plus pessimistes ou tout simplement les sceptiques. Pourtant, on ne peut accepter qu'une telle situation perdure, au risque de susciter la colère légitime des citoyens. Les solutions existent, il suffit de les adopter et de les exécuter. Tout ce qui a été entrepris à ce jour, malgré quelques avancées, est resté, force est de le constater, sans effet. Il manque une véritable volonté politique de la part des États. C'est elle qui fait cruellement défaut aujourd'hui. Les États doivent reprendre la main et mettre fin aux fraudes gigantesques privant l'ensemble des citoyens de ressources nécessaires à la collectivité.

De telles mesures mettraient-elles fin au libéralisme qui est le moteur du développement économique ? Probablement pas, puisque ces mesures de transparence existent déjà au sein des démocraties occidentales, *en deçà* des frontières des États. Ces mesures ne visent qu'à étendre ces dispositions internes à l'échelle internationale, c'est-à-dire *au-delà* de leurs frontières. Le libéralisme accorde aux détenteurs de capitaux la faculté d'investir librement dans les secteurs qu'ils choisissent et dans les pays qu'ils sélectionnent. Il n'est pas question de porter atteinte à cette liberté fondamentale. Il est simplement question d'adopter des règles communes équitables et équivalentes partout.

Lorsqu'une entreprise investit en Allemagne ou en France, elle place ses ressources dans des États qui édictent des règles. Ce sont ces mêmes dispositions qui doivent être étendues en dehors de ces États et s'appliquer à l'échelle planétaire. Ces mesures n'ont d'autre fin que d'assurer la transparence et d'organiser le libre jeu de la concurrence, sanctionnant les comportements déloyaux et le favoritisme. Réguler, c'est-à-dire fixer des règles du jeu loyales, ce n'est pas atteindre le libéralisme. C'est en réduire les effets pervers.

Le manque de transparence favorise la corruption, ce qui permet aux entreprises qui y ont recours d'obtenir les marchés qu'elles convoitent au détriment de celles qui respectent les règles du jeu dictées par les conventions internationales prohibant de telles pratiques. Les solutions proposées permettent de détecter l'argent de la corruption et de lutter efficacement contre elle. Ce n'est pas l'entreprise corruptrice et bienveillante à l'égard du pouvoir en place qui doit emporter les marchés, mais celle qui est la plus performante.

Pourquoi les États, qui imposent des règles en leur sein, ne se concertent-ils pas pour les étendre sur le plan international ? Tout simplement parce que la posture du « chacun pour soi » prévaut dans les relations internationales.

Seule une régulation à l'échelle mondiale est de nature à assurer l'équité et à mettre fin aux situations choquantes liées à l'existence des paradis fiscaux. Les États ne peuvent se contenter de confier à des institutions internationales le soin de proposer des solutions que la plupart d'entre eux ne respectent pas. Ils doivent s'engager collectivement. Faute de cette volonté, la situation n'évoluera pas.

CHAPITRE 13
Les oligarques : des intouchables

Les eaux tranquilles

Le *Shéhérazade* est toujours accosté en Italie, dans un petit port paisible sur la côte toscane. Le ministre de l'Économie italien a en effet signé un décret le 6 mai 2022 interdisant au navire de quitter les eaux du port de Marina di Massa. J'ignore à l'heure où j'écris ces lignes où en est, quant à elle, la justice italienne dans ses investigations visant à rechercher le nom de son véritable propriétaire masqué par un dédale de sociétés immatriculées aux îles Caïmans et dans les îles Marshall, c'est-à-dire dans les Caraïbes et dans l'océan Pacifique.

Le décret ne mentionne pas le nom de Vladimir Poutine[1]. Il relève « les liens économiques et commerciaux [avec] des éléments importants du Gouvernement

1. « Le *Shéhérazade*, superyacht soupçonné d'appartenir à Vladimir Poutine, empêché de quitter l'Italie », *Nice Matin*, 7 mai 2022.

russe et avec d'autres personnes faisant l'objet de sanctions de l'Union européenne». Je doute qu'à terme, ces liens suffisent à confisquer le navire. Les procureurs italiens devront identifier le propriétaire de façon certaine et ne pourront se contenter d'approximations.

Et les oligarques ? Quelle a été la portée des mesures de gel ordonnées par les États-Unis et l'Europe à leur encontre en mars 2022 ? Je suis dans la presse les pérégrinations des États dans la recherche de ces avoirs, avec le secret espoir que leurs difficultés entraîneront une réaction de leur part à l'encontre des places où ils se cachent.

Des yachts clinquants et convoités

Les yachts constituent les biens les plus ostentatoires. Ils témoignent de la démesure de la fortune des oligarques.

Le yacht *Dilbar* de dimensions comparables au *Shéhérazade*, doté de 56 cabines, appartiendrait à M. Ousmanov, détenteur du géant de l'acier Metalloinvest et proche de M. Poutine. On le surnomme le « Kremlin aquatique ». Long de 156 mètres sur 24, il a été acquis pour la bagatelle de 541 millions d'euros. Un équipage de 96 personnes est à la disposition de 24 passagers potentiels répartis dans une douzaine de suites. Avec ses deux hélicoptères, sa grande piscine, son sauna, il fait indiscutablement concurrence au *Shéhérazade*. Tous deux jouent dans la cour des « grands ». Ils connaissent le même sort. Le *Dilbar* a été bloqué à Hambourg par les agents des douanes alors qu'il s'apprêtait à quitter le port[1].

En France, à La Ciotat, un autre yacht de grand luxe, *L'Amore Vero* a été saisi. Il vaut 120 millions d'euros. Il appartiendrait au patron de la société russe pétrolière Rosneft, Igor Setchine, également proche du Kremlin.

Oleg Deripaska, riche paraît-il d'environ 3 milliards d'euros, disposerait d'un yacht circulant sous le pavillon des îles Caïmans et appartenant à une société chypriote elle-même détenue par une société des Îles Vierges Britanniques[2].

Le 23 août 2022 était annoncée la vente aux enchères d'un premier yacht, soit six mois après le début de l'invasion de l'Ukraine[3]. Cependant, cette vente n'a pas été ordonnée par les États dénonçant la guerre. Elle est le fait du défaut de remboursement, par son propriétaire Dmitry Pumpyansky, d'un prêt de 20 millions de dollars à la banque JP Morgan qui l'a fait saisir alors qu'il se trouvait à Gibraltar.

À ce jour, aucun navire « gelé » n'a été vendu. Le faire supposerait que la justice soit saisie, identifie le propriétaire et apporte la preuve que ceux-ci ont commis des faits à caractère pénal, comme la corruption ou le

1. « Guerre en Ukraine : la traque des oligarques russes commence par la saisie de yacht de luxe », *Le Monde*, 4 mars 2022.

2. « Guerre en Ukraine : jeu de cache-cache géant entre les oligarques russes et les autorités européennes », *Le Monde*, 21 mars 2022.

3. « Six mois de guerre en Ukraine : découvrez les yachts confisqués aux oligarques russes », *Le Figaro*, 23 août 2022.

détournement de fonds publics. Une telle preuve ne peut dans la plupart des cas être rapportée que si la justice russe coopère. Mission impossible !

Une course-poursuite en plein Pacifique

D'autres yachts russes ont réussi à prendre la fuite. L'*Armadea*, qui mesure 106 mètres, est doté d'une piscine, d'un jacuzzi, d'un héliport et d'un jardin d'hiver[1]. Sa valeur est de 325 millions de dollars. Qui en est propriétaire ? Officiellement, comme toujours, une société *offshore*, immatriculée aux îles Caïmans. Le bénéficiaire en serait un riche homme d'affaires, également parlementaire, Suleyman Kerimov. Sa fortune a été évaluée en 2021 à 15 milliards d'euros par le magazine *Forbes*. Ce qui le place, selon *Bloomberg*, parmi les personnes les plus fortunées de la planète, au 127e rang mondial.

Poursuivi par les Américains, le navire a trouvé refuge aux îles Fidji. Si la police locale a exécuté dans un premier temps l'instruction américaine de le saisir, la Cour d'appel a ensuite suspendu l'exécution du mandat. La saisie a ainsi fait l'objet d'une bataille juridique. Devant les tribunaux fidjiens, la société des îles Caïmans s'est fait représenter, comme elle est en droit de le faire puisque c'est elle qui est propriétaire du yacht, par un avocat qui a contesté le fait que le navire appartienne à Suleyman Kerimov. À l'appui

1. « Un superyacht russe saisi par le FBI aux îles Fidji après des mois de traque », *Le Figaro*, 8 juin 2022.

de sa démonstration, il a livré le nom du propriétaire qui serait un riche russe non visé par les sanctions, Edouard Khoudaïnatov. Un ami dévoué ?

En définitive, selon *Le Figaro*, le juge de la Cour Suprême, revenant sur la décision de la Cour d'appel, a validé la saisie. Sur quel fondement ? La Cour Suprême a relevé le coût exorbitant de l'entretien du navire, à la charge du contribuable fidjien en cas de saisie par les autorités de l'île. Aussi a-t-elle jugé préférable de le remettre aux autorités américaines qui devront le ramener sur leurs côtes, à charge pour elles, si elles maintiennent leur point de vue, d'en assurer l'entretien. La facture s'élèverait à 25 voire 30 millions de dollars par an. Les États-Unis se sont engagés à la régler et devraient prendre possession du navire. Pour combien de temps ?

Des frais d'entretien exorbitants

Ce coût exorbitant n'est pas surprenant. L'entretien annuel d'un tel mastodonte représente près de 10 % de la valeur du navire. Cela signifie que la saisie, si elle dure dix ans, ne rapportera rien au fisc américain. C'est bien évidemment la première question que doit se poser un gouvernement – ou un juge – avant de procéder à la saisie d'un yacht, quel qu'il soit et où qu'il se trouve. Si la saisie est levée par la suite, du fait que le possesseur du navire est insuffisamment identifié, ce sont des sommes considérables qu'aura dû débourser le contribuable en pure perte.

En tout état de cause, si la saisie est appelée à durer, il faudra nécessairement, à un moment donné, que la justice soit saisie. Les oligarques n'ont pas manqué de brouiller les pistes, surtout depuis les premières sanctions infligées en 2014 avec la guerre de Crimée. En 2022, soit huit ans plus tard, il est évident que les difficultés pour confisquer leurs biens n'ont fait que s'accroître. Ce travail de la justice, aléatoire, risque de prendre des années.

À supposer que la confiscation soit finalement prononcée par un tribunal, un recours devant la Cour d'appel puis, le cas échéant, un pourvoi en cassation vont ralentir le processus de la vente du navire pour plusieurs années. Ainsi un temps considérable se sera-t-il écoulé avant que le contribuable récupère la valeur du yacht, amputée de tous les frais qu'il aura dû supporter tout au long de la procédure. L'écoulement du temps est un atout majeur pour les oligarques.

La multiplication des saisies, et par voie de conséquence des contestations devant la justice, aura pour effet d'encombrer des tribunaux déjà surchargés. L'instruction de ces dossiers nécessite d'importantes et de longues investigations qui ne peuvent être menées que par des enquêteurs et des magistrats spécialisés et habitués à démanteler des circuits *offshore*. Rechercher le véritable propriétaire d'un bien dans un dédale de sociétés-écrans demande un temps considérable. Qui fera ce travail d'investigation ? Avec quels moyens ?

Bloquer un navire dans un port est toujours techniquement possible. Mais s'il reste dans l'eau et qu'aucune manœuvre ne peut être réalisée, comment va-t-il pouvoir être entretenu ? Si, notamment l'hiver, aucune intervention n'est réalisée, il va vite et fortement se dégrader.

Ce sont là des considérations matérielles qui doivent toujours être prises en compte lors du gel d'un navire. Il en est de même pour la saisie d'un jet. Le neutraliser et donc l'empêcher de voler entraînera une dégradation rapide et une perte de valeur. L'entretenir et le faire voler pour le conserver a un coût élevé.

Si la confiscation des yachts et jets saisis paraît ainsi sérieusement compromise, qu'en est-il des biens immobiliers ?

Les oligarques ont acquis à travers « un enchevêtrement de sociétés-écrans, souvent domiciliées à Chypre » des « dizaines de villas[1] » où ils se rendent en jet privé ou à bord de leurs yachts. Quelques saisies spectaculaires ont été réalisées. Selon *Le Monde*, « sur la côte sarde, plusieurs villas et une Mercedes Maybach S650 appartenant à des membres de l'élite russe ont été saisies[2] » par le Gouvernement italien en vertu des sanctions prises par l'Union européenne. On y trouve de grands patrons d'industrie russes. Figure le précédent propriétaire de Chelsea Roman Abramovitch, qui s'est empressé de vendre le prestigieux club de football aussitôt après l'annonce des sanctions. Il détiendrait une trentaine de sociétés *offshore* enregistrées aux Îles Vierges Britanniques et à Aruba.

1. « Luxe, calme et oligarques : en Sardaigne, la côte des Russes », *Le Monde*, 23 juillet 2022.
2. *Ibid.*

L'ancien vice-premier ministre, Selon *Le Monde*[1], l'ancien vice-premier ministre Igor Chouvalov a constitué au Liechtenstein un *trust* propriétaire d'un château autrichien d'une valeur de 10 millions d'euros et d'une villa toscane en bord de mer.

L'oligarque russe Suleyman Kerimov, dont le navire s'est réfugié aux îles Fidji, est également soupçonné de détenir quatre villas sur la Côte d'Azur, au Cap d'Antibes[2]. Le procureur de Nice avait ouvert en 2014 une enquête qui n'avait pas abouti, faute d'identification du véritable propriétaire de ces villas. Mais l'exploitation des Panama Papers a permis de relancer cette affaire. Les journalistes ont réussi à démêler l'écheveau des sociétés-écrans qui possèdent les quatre villas. La fille du milliardaire russe en serait la bénéficiaire. Si le lien avec Suleyman Kerimov paraît établi, encore faudra-t-il que la justice démontre que celui-ci a commis un délit en Russie.

Ce ne sont là que quelques exemples parmi tant d'autres. Certains oligarques ont mis leurs avoirs au nom de leurs femmes, parfois sous leur nom de jeune fille, pour éviter d'être pris. Le magnat des matières premières Guennadi Timtchenko aurait ainsi transféré à sa femme et ses enfants en 2014, alors qu'il était visé par des sanctions américaines suite à l'invasion de la Crimée par la Russie, le luxueux hôtel de Cavalière (Le Lavandou) et le Grand Cœur et Spa (Meribel).

1. « Guerre en Ukraine : le jeu de cache-cache géant entre les oligarques russes et les autorités européennes », *op. cit.*

2. « Affaire Kerimov et justice française : “Personne ne se bat pour récupérer le dossier” », *Le Monde*, 15 septembre 2022.

Le président de la première chaîne de télévision russe, qui assure régulièrement le relais des propos de M. Poutine, disposerait d'un duplex en front de mer à Cannes mis au nom de son ex-femme, avec qui il semblerait qu'il s'entende toujours très bien.

Comment la justice peut-elle imputer de façon certaine la propriété d'une villa à un oligarque lorsqu'elle est au nom d'une société *offshore* ? Le juge devra lancer des demandes de coopération aux Caïmans ou autres pays refuges, sans être certain du résultat. Il lui faudra aussi effectuer des recherches sur les personnes qui utilisent la villa. Mais la justice est aussi confrontée à une question embarrassante : comment entretenir la villa durant tout ce temps ? Qui va payer l'addition ?

Se pose en premier lieu la question du personnel. Qui prend en charge les jardiniers, les femmes de chambre, les maîtres d'hôtel affectés toute l'année à l'entretien de splendides villas occupées quelques jours dans l'année par le maître des lieux ? Comment les sociétés de gardiennage, chargées de la sécurité des lieux et les entreprises de nettoyage des piscines vont-elles pouvoir se faire payer ? Si elles ne sont plus payées, les biens vont se dégrader, les piscines ne plus fonctionner et le défaut de sécurité, lié à l'inoccupation des lieux, va entraîner des vols. En outre, c'est toute une économie locale qui va souffrir de l'absence de prise en charge de ces dépenses indispensables au maintien de la valeur de ces biens immobiliers qui risquent, si la saisie perdure, de fortement se dégrader et donc de perdre de leur valeur.

Ces questions sont récurrentes lors de toute saisie. Mais elles s'aggravent dans ce cas précis du fait que les avoirs du « maître des lieux » sont également gelés, tels que les comptes en banque. Car généralement c'est lui qui continue à prendre en charge les dépenses. Comment peut-il payer ces frais d'entretien s'il ne peut plus faire de règlement ?

L'ARGENT : LE NERF DE LA GUERRE HORS DE PORTÉE

La saisie de navires, d'avions et de villas soulève donc la question de la prise en charge par le contribuable de frais souvent élevés. S'il est une saisie qui ne coûte rien, c'est celle de l'argent et des titres. Ce sont les mesures les plus fructueuses, même si elles sont moins spectaculaires. Pour y parvenir, il faut évidemment percer les coffres des places *offshore*, beaucoup plus discrets que les yachts, jets privés, villas sur la Côte d'Azur ou chalets à Courchevel.

Les fonds sont camouflés dans une kyrielle de comptes bancaires dans des paradis fiscaux et couverts du sceau du secret bancaire. Il est difficile de connaître la fortune d'un oligarque dans le monde. Il en irait différemment si, de leur propre initiative, les paradis fiscaux dénonçaient les avoirs russes qu'ils détiennent. C'est évidemment loin d'être le cas. Les places *offshore* n'ont aucun intérêt à être dessaisies de la gestion de centaines de milliards voire de trillions de dollars… Combien de temps les États démocratiques toléreront-ils une telle situation ?

Londres, un placement immobilier sûr

De nombreux oligarques ont investi à Londres. Parmi eux, citons l'exemple symbolique d'Oleg Deripaska, roi de l'aluminium. Il posséderait à Londres, selon *Le Monde*, le 5 Belgrave Square, « avec ses cinq colonnes blanches qui encadrent sa porte noire, dans le très huppé quartier de Knightsbridge[1] ».

Ces biens sont visibles au cœur d'un pays fortement engagé dans le soutien à l'Ukraine. La presse a cependant relaté les atermoiements et les réticences du gouvernement britannique conservateur dans l'établissement des listes des personnalités visées par les sanctions, certains étant, curieusement, épargnés. Le chef de file du parti travailliste a cité le cas d'Igor Chouvalov, ancien vice-premier ministre de Russie et dirigeant d'une banque russe, qui ne posséderait pas moins de 180 millions d'euros. À Londres, il disposerait de deux appartements proches du Parlement d'une valeur de 13 millions d'euros. Des oligarques ont-ils financé le parti conservateur, comme certains l'affirment ?

Chypre, terre d'asile des Russes

Les oligarques se précipitent à Chypre pour camoufler leurs immenses fortunes[2]. Plusieurs d'entre eux, visés par

1. « Guerre en Ukraine : jeu de cache-cache géant entre les oligarques russes et les autorités européennes », *op. cit.*

2. « Guerre en Ukraine : malaise à Chypre, terre d'asile des oligarques russes », *Le Monde*, 26 mars 2022.

les sanctions européennes depuis la guerre en Ukraine, y ont des avoirs et, mieux, un passeport. La politique chypriote dite des « passeports dorés » permet d'offrir la nationalité à ceux qui investissent un minimum de 2,5 millions d'euros dans l'immobilier. Ce passeport est européen puisque Chypre fait partie de l'Union européenne. Le blanchiment est roi.

En bénéficieraient notamment l'ancien gouverneur de Tchoukotka, Roman Abramovitch, le président de la fédération internationale d'escrime Alicher Ousmanov et l'ancien président du directoire du port commercial de Novorossiisk Alexandre Ponomarenko ; ce dernier aurait obtenu la nationalité chypriote en 2016 et sa fortune est estimée par *Forbes* à 3,3 milliards de dollars.

La perle de l'Orient

Selon un article du Figaro[1] fondé notamment sur une étude d'un cabinet londonien, de nombreux millionnaires russes quittent leur pays suite à l'invasion de l'Ukraine. Pour quelle destination ? Figurent en première position les Émirats arabes unis (notamment Dubaï). Suivent l'Australie, Singapour, Israël, Malte, l'île Maurice et Monaco. Ces pays présentent l'avantage d'offrir un faible taux d'imposition.

Dubaï est particulièrement prisée. Cette place financière offre à ses clients une protection absolue dès lors

1. « Guerre en Ukraine : plus de 15 000 millionnaires quitteront la Russie en 2022, selon une étude », *Le Figaro*, 15 juin 2022.

qu'ils apportent des millions de dollars. Les oligarques visés par des sanctions américaines et européennes sont aux premières loges. Ces investisseurs russes y voient l'opportunité, au moment où ils font l'objet de l'attention de nombreux enquêteurs agissant à travers le monde, d'acheter dans les Émirats leur immunité. En contrepartie, Dubaï, la perle de l'Orient, se gardera bien de révéler le montant des avoirs à quiconque s'y intéressera.

« L'exposition universelle de Dubaï, écrit le professeur Jean-Pierre Filiu dans *Le Monde*[1], qui se clôt à la fin de ce mois, devait représenter la consécration du grand pari des Émirats arabes unis sur une mondialisation dont ils seraient fondamentalement bénéficiaires. Le pavillon russe y côtoie celui de l'Ukraine. Mohamed Zayed, qui dirige les Émirats, entretient de longue date des relations étroites et chaleureuses avec Vladimir Poutine [...] Mais l'importance des investissements des oligarques russes à Dubaï a ajouté une dimension aussi profitable que sensible à cette relation bilatérale ». L'article poursuit : « Mohamed Ben Zayed est en outre très lié à Ramzan Kadirov, que Poutine a placé à la tête de la Tchétchénie. »

Cette proximité a conduit les Émirats à s'abstenir le 25 février sur un projet de résolution présenté au Conseil de Sécurité de l'ONU demandant le retrait immédiat des troupes russes de l'Ukraine la veille. Les

1. « Les Émirats arabes unis au défi de l'Ukraine », *Le Monde*, 19 mars 2022.

Émirats, qui bénéficient du soutien américain, ont pris une position inverse lors du vote du 2 mars. Ils sont pris entre deux feux.

Les oligarques affluent dans un pays accueillant et compréhensif. « En espérant sans doute, relève l'auteur de l'article, que les sanctions internationales contre les oligarques russes épargneront le sanctuaire qu'est devenu pour eux Dubaï. » Sanctuaire. On ne saurait mieux qualifier Dubaï.

Même des hommes politiques russes visés par les sanctions internationales ont choisi Dubaï. Alexandre Borodaï a été en 2014, durant une courte période, Premier ministre de « la République populaire de Donetsk » autoproclamée par les séparatistes russes. Il est député de la Douma depuis 2021. Il a acquis récemment un « vaste appartement dans le fastueux complexe résidentiel Grandeur Résidences Maurya », à Palm Jumeirah, l'île artificielle en forme de palmier tant vantée par l'Émirat. Roman Liabikhov, un autre député de la Douma, possède un appartement de 109 mètres carrés, plus modeste, d'une valeur de 409 000 euros.

Quant aux oligarques, ils y sont légion. Parmi eux, figure Rouslan Baïsarov, un proche du dictateur tchétchène Ramzan Kadyrov. Il possède six biens d'une valeur de 8,5 millions de dollars. Dmitri Rybolovev, qui dispose d'un passeport chypriote, est l'actionnaire majoritaire et le président du club de football monégasque. Il dispose d'une villa à Palm Jumeirah sur le front de mer valant plus de 3,5 millions de dollars.

« Le risque, explique l'économiste M. Zuchman au *Monde*, est que l'immobilier à Dubaï remplace le compte en Suisse comme stratégie d'évasion fiscale ou de dissimulation de patrimoine.[1] »

Un nouveau vecteur du blanchiment : la cryptomonnaie

Des auteurs d'escroqueries commises lors de la distribution des aides de l'État liées à la pandémie (Covid-19) ont investi les fonds captés dans la cryptomonnaie, nouveau vecteur de blanchiment puisque ce type de placement peut être anonyme. Le préjudice subi par le Trésor s'élèverait à 8,5 millions d'euros.

La cryptomonnaie me rappelle les bons anonymes souscrits dans les années 70 par les fraudeurs fiscaux. Pourquoi les oligarques s'en priveraient-ils ? Comment ne pas privilégier un placement dans une monnaie numérique utilisable sur internet, fonctionnant à l'écart des réseaux bancaires, hors de tout contrôle et, le plus important, fondée sur un système de cryptage ?

La preuve n'en est cependant pas rapportée. Nous le saurons peut-être un jour. En attendant, rien ne paraît remplacer un bon compte dubaïote.

1. « "Dubaï Uncovered" : révélations sur l'immobilier de l'émirat, destination providentielle pour l'argent sale des oligarques et des criminels », *Le Monde*, 3 mai 2022.

À quand la reprise en main ?

Seule l'amplification de la guerre en Ukraine pourrait modifier les comportements des places *offshore* qui devront, en tout état de cause, faire face à une pression internationale de plus en plus forte. Si le gaz vient à manquer, si l'extension du conflit se réalise, alors peut-être l'identification des comptes des oligarques sera-t-elle facilitée. Cela suppose une levée progressive du secret bancaire dans les places financières et l'élimination des zones d'ombre.

Si l'on ne peut totalement écarter une telle révolution *a priori*, elle paraît cependant improbable. Les habitudes sont bien ancrées et les enjeux dépassent largement le sort des biens des oligarques. Car si elle se produisait, elle fragiliserait considérablement ceux des autres fraudeurs dont l'identification des avoirs deviendrait alors techniquement possible. Il suffit parfois d'un accident, comme la saisie des biens russes, pour lever des pans entiers de turpitude. Seraient entraînés dans ce tourbillon les fraudeurs fiscaux, les corrompus, les trafiquants de drogue, les mafieux…

Nous vivons dans un monde incertain et personne n'est véritablement à l'abri. Les lanceurs d'alerte ont exploité des failles, les papers aussi, pourquoi la guerre en Ukraine et son cortège de sanctions ne permettraient pas de remettre de l'ordre dans notre monde ? Le monde évolue très vite et les lendemains sont imprévisibles.

Je suis convaincu que malgré l'ampleur des difficultés et les montants astronomiques en jeu, les États finiront par se réveiller. Tout ceci n'est pas sans rappeler l'histoire de France, lorsque Philippe le Bel, ne supportant plus que les Templiers aient amassé hors de son contrôle des fortunes considérables, a pris la décision un jour de les confisquer. Certes des exécutions et des procès en sorcellerie, comme il le fit avec le concours de son garde des Sceaux Nogaret, ne sont pas admissibles, mais de vrais procès sur le fondement de la fraude fiscale, du blanchiment, du détournement de fonds, du trafic de drogue… devraient voir le jour dans nos États de droit afin de justifier la saisie des avoirs cachés dans les paradis fiscaux.

C'est à mon sens une évolution inéluctable à terme. Elle suppose une véritable volonté politique et des moyens considérables. Les mesures en trompe-l'œil ont fait long feu. Une telle évolution rendrait tolérable une mondialisation qui doit être contrôlée et encadrée au nom de l'intérêt général. Il appartient aux États, confrontés à la nécessité de combler des déficits vertigineux, d'éradiquer ce fléau que constitue l'existence des paradis fiscaux. Assez d'hypocrisie. Ils ne doivent plus être tolérés ; ils doivent être mis hors d'état de nuire.

Table

Composition : In folio

Achevé d'imprimer sur Roto-Page en octobre 2022
par l'Imprimerie Floch à Mayenne
Dépôt légal : novembre 2022
N° impr : 101338
Imprimé en France